CONSIDÉRATIONS
PRATIQUES

SUR

LES ENGRENAGES DE ROUES ET PIGNONS EN HORLOGERIE.

ACCOMPAGNÉES

De la defcription & des ufages d'un Compas de proportion de nouvelle invention.

Avec le Rapport des Commiffaires nommés par le Comité des Arts de la Société des Arts & d'Economie établie à Genève, pour l'examen de ce Mémoire & de l'Inftrument qui en eft l'objet.

Par Louis-Baptiste PREUD'HOMME,
Horloger, Membre dudit Comité.

A GENEVE,
De l'Imprimerie de J. P. BONNANT.

M. DCC. LXXX.

AVIS.

On trouvera, à juſte prix , chez l'Auteur à Genève , maiſon Déclé au port de Longemalle , les Inſtrumens qui ſont l'objet de ce Traité.

CONSIDÉRATIONS
PRATIQUES

*Sur les Engrenages des roues & pignons
en Horlogerie.*

Quoique tout ce qui agit par leviers puiſſe être conſidéré comme engrenage, mon deſſein n'eſt pas d'étendre ce Mémoire au-delà de ce qui en fait le titre. Je n'expoſerai donc, d'entre mes expériences, que celles qui ont eu pour objet les pignons & les roues, en faiſant obſerver combien il importe, pour l'harmonie qui doit régner dans le jeu de ces mobiles, de garder une exacte proportion dans leurs diamètres.

N'eſt-il pas étonnant, que les ouvriers, ayant lieu de s'en convaincre par la difficulté qu'ils rencontrent à fixer le vrai point d'un engrenage, ſuivent conſtamment des méthodes vagues, dans un cas où l'on ne doit conſulter que des règles fixes, fondées ſur le raiſonnement, ou déduites de l'expérience?

A 2

Cette méthode transmise de Maître en Apprentif, par laquelle le diamètre d'un pignon est mesuré sur une partie des dents de la roue qui doit le conduire, manque nécessairement de précision (1). Car outre qu'il est très-difficile d'éviter les écarts de l'œil par un tel moyen ; comme les dentures sont plus ou moins vuides, il en résulte, en de certains cas, des pignons plus gros, ou plus petits ; & quand même cette mesure seroit susceptible d'exactitude, la différente étendue qu'on donne à l'arron-

---

(1) La pratique ordinaire pour déterminer la grosseur d'un pignon de six, consiste à prendre trois pointes des dents de la roue qui doit engrener avec lui. Or l'intervalle de ces trois pointes est la corde de l'arc qu'elles comprennent. Cet arc, dans le cas d'une roue de six dents, est de 120 degrés ; & si je donne 6 pour valeur à sa corde, soit au diamètre du pignon dont elle est la mesure, j'aurai $6 \frac{93}{100}$ pour valeur du diamètre de la roue. Selon la méthode de M. Preud'homme, les diamètres de ces deux mobiles doivent être dans le rapport de 6 à 7. Cette méthode, dans ce cas, donne donc à la roue environ $\frac{1}{80}$ du diamètre du pignon, de plus que la pratique des trois pointes ; ou bien la roue étant donnée, il en résulte un pignon d'environ $\frac{1}{101}$ plus petit.

Si l'on suppose deux révolutions du pignon autour de la roue, la méthode des trois pointes se rencontre avec celle de M. Preud'homme, en donnant pour diamètre à la roue deux fois celui du pignon ; car alors le diamètre du pignon devient la corde d'un arc de 60 degrés, laquelle est exactement la moitié du diamètre de la roue.

Dans le cas de trois révolutions, c'est la pratique des trois pointes qui donne le plus grand diamètre à la roue ;

(5)

diſſage des pignons, pour lequel on n'a point de
règle, ſuffit pour faire varier leur vrai diamètre.

De plus, l'irrégularité dans les courbes des
dentures eſt une ſource d'inégalité dans l'emploi
des forces & la diſtribution du mouvement;
& cet effet ſera d'autant plus ſenſible, qu'il y
aura diſproportion dans les diamètres.

De-là naiſſent indubitablement des contra-
riétés, qui détruiſent la liberté des mobiles, &
ruinent l'accord ſi néceſſaire dans le jeu des
pièces qui compoſent une machine deſtinée à
meſurer le tems.

& ſi l'on pouſſe plus loin la comparaiſon, l'on verra
qu'à la douzième révolution, cette pratique augmente
le diamètre de la roue d'environ $\frac{17}{15}$ du diamètre du pignon, de plus que la méthode de M. Preud'homme;
& qu'elle donne, pour la même roue, un pignon
plus petit de $\frac{1}{18}$ de ſon diamètre.

La meſure des trois pointes, en tant que pratique
générale pour les pignons de ſix, paroît donc avoir
deux vices eſſentiels: le premier, de n'être pas calculée,
comme celle de M. Preud'homme, ſur le diamètre
primitif du pignon; & de donner en général de trop
grandes roues, ou des pignons trop petits: le ſecond,
de ne pas ſuivre un rapport convenable avec la quantité
plus ou moins grande de révolutions que font les pignons
autour de leurs roues; & de donner, pour les nom-
breuſes révolutions, des pignons proportionnellement
plus petits que pour les roues peu nombrées. Cette
meſure eſt donc, non-ſeulement inexacte pour la plupart
des cas, mais elle l'eſt inégalement ſelon le nombre
des révolutions. On peut en dire autant des autres
meſures priſes avec le calibre ſur les dents des roues,
puiſqu'elles ſuivent toutes les rapports des cordes.

*Cette Note m'a été communiquée par l'un des Membres
du Comité des Arts.*

A 3

M. Berthoud a fait fentir, dans fon Effai fur l'horlogerie, combien d'attentions fuppofe de la part d'un ouvrier la formation d'un bon engrenage; & après avoir rappellé, numéros 524 & fuivans, les mefures ufitées pour déterminer la groffeur des pignons, il montre affez le cas qu'on en doit faire, puifqu'il en prefcrit la correction au moyen de l'outil aux engrenages.

Cette matière, par fon importance, m'a paru digne de nouveaux efforts; & en recherchant les caufes qui ont empéché jufqu'ici les ouvriers d'atteindre avec facilité à la perfection néceffaire, j'ai cru qu'il feroit à propos de diftinguer ces trois objets dans les engrenages.

La forme & la groffeur du pignon.

La quantité dont la roue & le pignon s'engrènent.

Et enfin la menée avec uniformité.

I°. A l'égard du pignon, je ne lui trouve de forme déterminée que dans le cas où il le faudroit à rochet; mais comme on ne fait aucun ufage de ces pignons-là en horlogerie, il eft inutile de s'y arrêter.

Celui qui fixe mon attention eft conduit par une roue dont les dents font formées en courbes; & j'obferve dans fa forme deux efpèces de rayons; favoir le *rayon total*, qui fe termine à l'extrémité de l'aîle du pignon; & le *rayon primitif*, qui fe termine là où l'arrondiffage de l'aîle commence. Ce n'eft que fur ce dernier rayon que la roue agit depuis la ligne des centres. J'appelle *excédent* la quantité dont le *rayon total* excède le *rayon primitif*; ce qui forme la partie arrondie du pignon , fur laquelle la roue agit avant la ligne des centres.

Le *rayon primitif* demeure invariablement fixé à une mefure déterminée , au lieu que le *rayon total* peut être plus ou moins grand, fans nuire à l'engrenage.

Car un pignon trop gros & peu arrondi pourra fervir , en defcendant l'arrondiffage juf-qu'à ce que le *rayon primitif* foit de jufte gran-deur. Si, au contraire, on diminuoit fur le tour le diamètre de ce pignon , jufqu'à ce qu'on eût atteint le *rayon primitif* ; il arriveroit que la roue , à fon point d'attouchement avec le pi-gnon , porteroit fur l'angle de ce mobile ; de-là , la néceffité indifpenfable d'abattre ces angles. D'où l'on voit , que pour conferver au *rayon primitif* la grandeur requife , il faut ménager dans le pignon un *excédent* , fur lequel on puiffe former l'arrondiffage.

Donc , la quantité qui conftitue cet *excédent* n'eft pas exactement déterminée ; puifque deux pignons peuvent être également bien adaptés à la roue qui doit les conduire quant à leur *rayon primitif* , quoiqu'ils diffèrent par leur *rayon total*.

C'eft-là fans doute la caufe de l'erreur , dans laquelle tombent ceux qui prétendent qu'il y a quelque chofe d'arbitraire dans la groffeur des pignons. Mais nous croyons pouvoir décider que la partie qui forme *l'excédent* dans un pignon , n'ayant d'utilité que l'abattement des angles , & une courte menée avant la ligne des centres , la forme qui réduira cette partie à la plus petite quantité , en approchant le *rayon total du rayon primitif* autant qu'un bon arrondissage pourra le permettre , sera incontestablement la meilleure ; & l'on y parviendra en donnant à cet *excédent* la forme d'un demi-cylindre (2). Du reste on efflanquera le pignon en planche , & on le dégagera à tel point qu'il

---

(2) Un pignon de six aîles & d'une ligne de grosseur est , d'entre les petits pignons qui entrent dans la construction d'une montre de poche , le plus gros que l'on fasse ; l'épaisseur de son aîle , qui ne doit avoir que la sixième partie de son diamètre , n'aura donc qu'une sixième de ligne ; par conséquent , cette aîle , dirigée au centre de la roue qui la fait mouvoir , sera d'une douzième de ligne , de part & d'autre de la ligne des centres ; & voilà sur quelle étendue on veut que soit figurée la courbe connue en géométrie sous le nom d'épicycloïde , afin que le pignon concourre pour sa part à l'uniformité de la menée.

Pour obtenir cependant cette forme , autant du moins qu'il est possible d'en approcher , j'enveloppe d'un crin le manche d'une lime ; & le sortant de dessus ce moule , je le présente pour modèle à l'ouvrier faiseur de mouvemens ; cette figure parlant autant à son entendement qu'à ses yeux , il exécute sans peine ce qu'il a vu ; il croit figurer un demi-cylindre , & à bien examiner ce qui résulte de son opération , on voit qu'il a formé sans le savoir l'épicycloïde , parce que le quart de cercle qu'il décrit alternativement , de gauche à droite , & de droite à gauche , & qui doit se terminer au sommet de l'aîle , n'est jamais si bien suivi , qu'il en puisse résulter un demi-cercle parfait ; mais plutôt une courbe , qui se trouve un peu applatie à son origine. C'est , je crois , tout ce qu'on peut obtenir de mieux ; ainsi , j'indique ce qui m'a réussi par préférence à tout autre moyen.

y ait deux tiers de vuide, & un tiers de plein ; ce qui fait pour l'épaiſſeur de l'aîle d'un pignon de 6, environ la 6ᵉ. partie de ſon diamètre : pour celle d'un pignon de 7, de 8, de 10 & de 12 ; la 7ᵉ. la 8ᵉ. la 10ᵉ. & la 12ᵉ. partie.

Il eſt bon d'avoir une règle fixe à cet égard ; & la forme que nous preſcrivons nous a paru la plus agréable à l'œil, comme déliant ſuffiſamment les aîles, ſans nuire à leur ſolidité.

Le pignon étant ainſi figuré, l'on reconnoîtra aiſément qu'il n'y a rien d'arbitraire dans la grandeur de ſon rayon primitif; & que chaque aîle ne pourra fournir au juſte ſon arc de levée, ſi l'on n'obſerve la plus grande préciſion à cet égard.

Selon la quantité d'aîles dont un pignon eſt compoſé, les angles qu'elles forment ſont plus ou moins ouverts, & conſéquemment les engrenages doivent être plus ou moins profonds.

Mais il peut arriver ceci : c'eſt que les groſſeurs des pignons étant mal priſes, l'Artiſte s'imagine pouvoir y remédier, en renforçant ou en diminuant la pénétration de ſon engrenage. Par exemple, après avoir fait parcourir ſix degrés à une roue de 60 dents engrenant dans un pignon de 6 aîles, qui ſeroit trop gros de la douzième partie de ſon diamètre, l'ouvrier voyant que celui-ci n'en aura parcouru que 55, & que l'aîle qui devroit être ſur la ligne des centres n'y ſera pas encore, il augmentera la levée par une plus grande pénétration de ces deux mobiles. Mais alors, la roue parcoura 6 ⁵⁄₁ degrés pour les 60 degrés que fournira le pignon.

Le contraire arrivera avec un pignon trop petit d'une douzième partie de son diamètre. Car après que la roue aura parcouru 6 degrés, il y en aura 65 parcourus par le pignon ; l'aîle qui doit se trouver en prise aura passé la ligne des centres, & l'action de la roue sur elle ne pourra commencer sans être précédée d'une chûte. En voulant obvier à ce défaut par l'affoiblissement de l'engrenage, on tombe dans un autre ; & la roue ne parcourra plus que 5 ½ degrés.

Cependant cette opération est si délicate, que quelqu'un essayant de faire un tel engrenage, trouveroit le moyen de repréfenter 60 degrés d'un côté pour 6 degrés de l'autre ; & pourroit par un examen fuperficiel s'infcrire en faux contre mon affertion.

Mais qu'il faffe attention à la marche de fa roue agiffant, par exemple, fur le pignon trop petit ; il verra que celle-ci ne parcourant que 5 ½ degrés pendant fon action, le ½ degré reftant eft parcouru pendant la chûte. Il y a donc alors inaction & perte de force. Un ½ degré fans effet de la part de la roue, ou 5 degrés de plus parcourus par le pignon, forment également un engrenage vicieux, & font une fource d'irrégularités dans la marche de ces deux mobiles.

Si vous fuppofez 6 degrés effectifs parcourus par une roue engrenant dans le pignon trop gros ; des 60 degrés que doit fournir le pignon,

il y en aura 5 qui feront parcourus pendant .
l'accottement qui fe fait fur l'arrondiffage de
l'aîle fuivante ; dès-lors, il fera vrai de dire que
le pignon trop gros ne fournit que 55 degrés.

Je propoferai encore un troifième moyen de
procéder à l'examen de cet engrenage, qui
fervira à faire paroître d'une manière fûre &
fans équivoque tout ce qu'il y a de plus ou de
moins dans les degrés que doit parcourir la
roue, quand on emploie des pignons trop gros
ou trop petits.

A confidérer le pignon felon la forme que
nous lui donnons, l'épaiffeur de fon aîle étant
d'une 6e. partie de fon diamètre, elle occupera
une place de 20 degrés, ou ce qui revient au
même, une place de 10 degrés de chaque côté
de la ligne des centres ; & fi dans ce pignon
que nous fuppoferons de groffeur convenable,
vous faites engrener une roue de 60 dents,
après avoir caffé de part & d'autre les deux
dents voifines de celle que vous réferverez pour
cet examen ; (car il faut cela pour voir l'action
d'une feule dent, & être affuré qu'une autre
n'eft point intervenue dans l'opération ;) fi,
dis-je, vous faites engrener cette roue au point
de faire parcourir 70 degrés au pignon, en
menant la roue de gauche à droite, & de droite
à gauche contre l'aîle du pignon, jufqu'à ce
que la dent de la roue ait échappé deçà & delà,
vous aurez déterminé par cette opération le
point précis de l'engrenage ; en forte que re-
mettant le milieu de l'aîle du pignon fur la ligne

des centres, & faifant mouvoir de nouveau ces deux mobiles, vous obferverez que pour 60 degrés parcourus par le pignon, il y en aura exactement fix parcourus par la roue.

Mais qu'arrivera-t-il fi à ce pignon vous en fubftituez un plus gros de la 12ᵉ. partie de fon diamètre ? C'eft que, lorfqu'il aura parcouru 60 degrés, vous en trouverez 6 ⅓ pour la roue ; & fi, au contraire, vous faites ufage d'un pignon trop petit auffi de la 12ᵉ. partie de fon diamètre, vous trouverez que 5 ½ degrés, parcourus par la roue, fuffiront pour faire parcourir au pignon les 60 degrés requis.

Donc, dans le premier cas, fi la roue n'en parcourroit que 6, le pignon n'en fourniroit que 55 ; & dans le fecond cas, cette même quantité de la part de la roue produiroit 65 degrés pour le pignon ; d'où il eft aifé de conclure que ces degrés en plus ou en moins, parcourus par l'engrenage, dans le cas de pignons trop gros ou trop petits, troublent les ofcillations du balancier, ruinent l'ifochronifme, détruifent la jufteffe des trous des pivots, & confument à pure perte une partie de la force motrice.

Comme il n'eft pas befoin d'un grand écart dans la groffeur des pignons, pour tomber dans cet inconvénient ; il eft très-difficile de l'éviter par la mefure ordinaire ; car, fans le fecours d'un inftrument, dont je rapporterai l'ufage en traitant de la *menée avec uniformité*, je regarde comme impoffible de décider, à la feule infpection de l'engrenage , si le pignon fournit bien exactement les degrés requis pour chacun de ses angles , pendant que la roue accomplit son arc de menée.

Telle est la précision dont on doit user à cet égard , que , si l'on suppose une roue de 72 dents , pour une 72ᵉ d'écart en plus ou en moins dans le diamètre du pignon , il y aura une dent à ajouter ou à retrancher dans la roue.

Voyons l'effet qui doit résulter de la nécessité d'une dent de plus à chacune des trois premières roues , non comprise celle de fusée.

En donnant les nombres de 54 à la roue du centre , & de 48 aux deux suivantes , la roue de rencontre devra faire 576 tours par heure ; & l'augmentation d'une dent sur ces trois mobiles en produira environ 611 ½.

Le premier produit multiplié par l'action d'une roue de rencontre de 15 dents, c'est-à-dire par 30, donnera 17280 vibrations ; & le second produit , multiplié par le même nombre , en donnera 18335 ; ce qui fait dans ce dernier cas un excès de 1055 vibrations.

Si donc les pignons qui engrènent dans ces trois roues péchoient tellement par leur petitesse, qu'il fallût ajouter une dent à chacune de leurs roues correspondantes pour qu'ils fussent de juste grosseur , il y auroit par ce défaut 1055 vibrations par heure qui ne pourroient s'effectuer, & dont la valeur se perdroit par les chûtes.

Dans le cas contraire , où les pignons seroient

trop gros de la même quantité , cette valeur ſe perdroit par des accottemens ; ce qui , pour une montre , dont le calibre ſeroit de 14 à 15 lignes de diamètre , exigeroit dans la force mo- trice un ſurplus d'environ une douzième partie.

Ainſi le point qui détermine dans un engre- nage la groſſeur préciſe du pignon , eſt celui où les deux mobiles parcourent chacun exacte- ment les degrés requis , ſelon le nombre d'aîles & de dents dont ils ſont pourvus.

II°. Pour ce qui regarde la quantité dont un pignon & une roue ſe pénètrent par l'engrenage ; quelques horlogers prétendent que , ſuivant la forme donnée à la courbe d'une denture , la roue qui porte cette courbe engrénera plus ou moins dans le pignon qu'elle conduit , ſans qu'il en réſulte aucun changement dans la levée du pignon par l'opération de l'engrenage : c'eſt ce qui ne ſauroit avoir lieu.

Car ſi on prend deux roues de même nombre , & de même diamètre ; mais que les dents de l'une ſoient formées en rochet , & celles de l'autre en courbe ordinaire ; ſi on les fait en- grener dans un pignon de 6 ; & que l'on pouſſe le degré de pénétration de l'une d'elles au point de faire décrire au pignon un arc de 60 degrés , on verra qu'en lui ſubſtituant l'autre roue , on ne changera rien à l'étendue de cet arc.

Donc , la dent formée en courbe n'a nul avantage ſur la dent formée en rochet , rélati- vement à la quantité dont le pignon & la roue s'engrènent ; & la courbe n'a pour objet que la menée avec uniformité.

Ainſi , il y a dans les engrenages une quantité de pénétration , qui n'eſt point dépendante de la forme des dents , mais qui eſt indiquée par la quantité de degrés que les mobiles doivent parcourir.

L'on pourra ſe former une idée de cette quantité de pénétration , ſi l'on conſidère que le pignon eſt diviſeur du cercle , & qu'on obtiendra les degrés de levée que chacune de ſes aîles doit parcourir au moyen de l'engrenage , en diviſant les degrés du cercle par le nombre de ces aîles ; c'eſt-à-dire , par exemple , que ſi le pignon eſt de 6 , l'engrenage devra faire parcourir à chaque aîle 60 degrés ; puiſque ce nombre eſt le quotient de 360 diviſé par 6.

Si l'on veut rapporter maintenant ces 60 degrés au diamètre ; comme celui-ci eſt à-peuprès le tiers du cercle , & vaut par conſéquent environ 120 degrés , l'on pourra dire qu'ils en font les $\frac{60}{120}$.

Or j'ai reconnu par une multitude d'expériences , que les fraCtions établies ſur ce principe exprimoient ſuffiſamment bien , pour la pratique , les diverſes quantités d'engrenage , ſelon les divers nombres dans les pignons. Ainſi , une fraCtion, qui aura pour dénominateur le diamètre du pignon évalué en degrés , & pour numérateur , le nombre de degrés qui conſtituent l'arc de levée de ce pignon , pourra déſigner la quantité dont ſa roue doit le pénétrer pour former un bon engrenage (3). Le fondement de ce rapport qui femble accidentel, pourroit fans doute être établi par le calcul. Mais il nous fuffit ici de déduire cette règle de l'expérience, & de la fournir à la commodité des artiftes.

En donnant à toutes ces fractions le nombre 120 pour dénominateur, nous aurons donc pour numérateur de la fraction qui exprimera l'engrenage d'un pignon . . de 6 . . . 60

$$\text{de } 7 \ldots 51\tfrac{3}{7}$$
$$\text{de } 8 \ldots 45$$
$$\text{de } 10 \ldots 36$$
$$\text{de } 12 \ldots 30$$

Qu'on réduife ces fractions, & l'on aura $\frac{3}{6}$, $\frac{3}{7}$, $\frac{3}{8}$, $\frac{3}{10}$, $\frac{3}{12}$. Par où l'on voit que, quelque nombre qu'ait un pignon, fi l'on pofe ce nombre comme dénominateur d'une fraction dont 3 fera le numérateur, l'on aura toujours la quantité de l'engrenage.

Au

---

(3) Les dents des roues ne pouvant agir que fur le rayon des pignons, l'on s'étonnera peut-être que je faffe mention ici de leur diamètre; mais il faut confidérer que l'engrenage fe fait dans les pignons à chaque bout de ces diamètres. Si l'engrenage pénètre, par exemple, à moitié rayon, il fera vrai de dire qu'il prend la moitié du diamètre; puifque fi on diminuoit le pignon au point d'emporter tout ce qui eft engrené, on réduiroit fon diamètre à la moitié. Après cette explication, on ne fera pas furpris fi j'emploie indifféremment le terme de *diamètre* ou de *rayon*, quand il s'agira des opérations concernant les engrenages.

Au reste, il importe d'obferver ici que les principes expofés par rapport à cette quantité dont les mobiles fe pénètrent, fuppofent des engrenages faits avec des *roues en couronne*, où toutes les dents font fur le même plan, comme les roues de champ. Cette méthode a été appliquée à la divifion de l'outil aux engrenages de M. Arlaud, qui a fait l'objet d'un Mémoire inféré dans le cahier précédent, & dont la juftelle eft reconnue des Artiftes.

On conçoit qu'une *roue plate*, égale au diamètre d'un pignon de 6 avec lequel elle engréneroit, ne pourroit produire les degrés de levée requis, encore que l'engrenage feroit pouffé auffi près du centre qu'il feroit poffible ; parce que les dents de cette roue, érant fur une courbe circulaire, font très-éloignées de repréfenter une ligne droite. On verra ci-après en quoi confifte la différence de pénétration dans l'engrenage de ces deux fortes de roues ; favoir, les *roues en couronne*, & les *roues plates*, felon la grandeur de ces dernières.

Je me fuis convaincu par l'obfervation, 1°. qu'une roue de 6 dents, engrenant dans un pignon de pareil nombre, ne peut le mener avec une certaine uniformité, à moins que fon diamètre ne foit d'une 6e. partie plus grand que celui de ce pignon ; encore, l'engrenage doit-il commencer, avant que la ligne qui partage l'épailleur de l'aîle fe trouve fur la ligne des centres. 2°. Que cette roue, pour que

B

ſon pignon fourniſſe les degrés de levée requis , doit le pénétrer juſqu’aux $\frac{2}{3}$ de l’aîle.

La différence entre une telle pénétration & celle de l’engrenage d’une roue en couronne, qui ne pénètre que juſqu’à la moitié du rayon, étant de $\frac{1}{6}$; on conçoit, en effet, que c’eſt de cette quantité dont le diamètre d’une roue de 6 dents , doit excéder celui du pignon qu’elle conduit.

Si nous déterminons les différentes quantités dans leſquelles le diamètre de ce pignon , ſuppoſé d’une ligne , peut être diviſé ; nous trouverons , 1°. pour la groſſeur de ſon axe , priſe où ſe termine l’engrenage d’une roue en couronne, $\frac{6}{12}$ de ligne. 2°. Pour ſon engrenage , $\frac{4}{12}$. 3°. Pour ſon excédent , $\frac{2}{12}$. Enſemble $\frac{12}{12}$, ſoit une ligne.

Il eſt évident que , ſi on avoit un pignon quelconque ; pour en tirer le diamètre des roues en couronne qui lui ſeroient deſtinées, il faudroit commencer par mettre en réſerve la quantité d’engrenage , telle que l’exige ſon arc de levée ; parce que cette quantité n’augmente ni ne diminue , ſoit que le pignon faſſe une ou pluſieurs révolutions.

De ſorte que cette quantité doit être conſidérée comme conſtituant les leviers , ſur leſquels la force motrice agit pour mettre le pignon en mouvement, & qui ſont, pour ainſi dire, des additions , dont on revêt le diamètre primitif des roues.

On obfervera feulement, que dans la quantité indiquée pour l'engrenage par l'arc de levée du pignon, eft comprife la partie arrondie de ce pignon, foit *l'excédent*, qu'il faut toujours retrancher, comme cela eft démontré dans la table ci-après. Je l'ai adaptée aux différens pignons d'ufage en horlogerie ; en y joignant la manière de s'y prendre pour établir le diamètre de leurs roues.

TABLE

Des différens nombres & groſſeurs de Pignons , pour en tirer le diamètre des roues.

Nombres des aîles des pignons.	Diamètre total.	Diamètre primitif.	Quantité d'engrenage.	Groſſeur des axes.
6	6 douz. de lig.	5 douz. de lig.	2 douz. de lig.	3 douz. de lig.
7	7	6	2	4
8	8	7	2	5
10	10	9	2	7
12	12	11	2	9

Si on multiplie le diamètre primitif de l'un ou de l'autre de ces pignons, par les révolutions qu'il doit faire autour de la roue qui le conduira ; & qu'on ajoute au produit les 2 douzièmes indiqués pour quantité d'engrenage, on aura complétement le diamètre de la roue.

Si à ces 2 douzièmes, on ajoute ce qui a été retranché du diamètre total des pignons pour former leur diamètre primitif ; on verra que la somme qui en réfulte fait les $\frac{3}{6}$, $\frac{3}{7}$, $\frac{3}{8}$, $\frac{3}{10}$, $\frac{3}{12}$ de ces pignons.

J'en ai établi les groffeurs de cette manière, pour n'avoir en douzièmes de lignes que des nombres ronds.

Les axes ne fervent qu'à indiquer à quelle diftance de la circonférence de la roue on doit placer le pivot du pignon, dans le cas où on auroit un calibre à tracer ; ainfi la diftance qui devra fe trouver entre le centre des pignons, & la circonférence des roues, fera pour un pignon de 6, des $\frac{3}{6}$, ou $\frac{1}{2}$ de fon rayon.

      de 7, des $\frac{4}{7}$

      de 8, des $\frac{5}{8}$

      de 10, des $\frac{7}{10}$

      de 12, des $\frac{9}{12}$ ou $\frac{3}{4}$.

Pour avoir le diamètre primitif des pignons par celui des roues, on opérera par la méthode inverfe ; c'eft-à-dire, qu'une roue donnée devant être regardée comme le produit du diamètre primitif de fon pignon, multiplié par le nombre de fes révolutions, auquel produit on auroit ajouté deux fois l'excédent dudit pignon ;

on aura la valeur du diamètre primitif de ce pignon , en prenant pour diviseur de sa roue le nombre de ses révolutions autour d'elle , plus deux fois l'excédent du pignon ; lequel est $\frac{1}{3}$, $\frac{1}{2}$, $\frac{1}{7}$, $\frac{1}{9}$, $\frac{1}{11}$ de son diamètre primitif, selon que le pignon est de 6, de 7, de 8, de 10 ou de 12. Le quotient de cette division exprimera la valeur du diamètre primitif du pignon ; auquel ajoutant l'excédent , on aura son diamètre total. Ainsi, qu'on ait une roue de 32 douzièmes de ligne, autour de laquelle un pignon de 6 doit faire six révolutions ; en divisant 32 par 6 plus $\frac{2}{3}$, soit $\frac{32}{3}$, le quotient 5 donnera le diamètre primitif du pignon ; auquel ajoutant 1 pour son excédent , j'aurai 6 douzièmes de ligne pour son diamètre total (4).

Dans le cas où c'est le pignon qui conduit la roue (ce qui a lieu dans l'engrenage des pignons

---

(4) Voici une formule dont on m'a fait part , pour obtenir tout d'un coup le diamètre total du pignon qui doit convenir , selon mes principes , à une roue donnée.

Que cette roue soit R ; le nombre des aîles qu'on veut donner au pignon a ; le diamètre total de ce pignon x ; son excédent $\frac{x}{a}$; son diamètre primitif $x - \frac{x}{a}$; la quantité de ses révolutions autour de la roue r ; l'on aura cette équation , $R = x - \frac{x}{a} \times r + 2\frac{x}{a}$; ce qui donnera $x = \dfrac{Ra}{a - 1 \times r + 2}$. Or voici l'explication de cette formule :

1°. Multipliez le diamètre de la roue donnée par le nombre d'aîles dont le pignon doit être pourvu. 2°. Multipliez ce nombre d'aîles , moins une , par le nombre de révolutions que le pignon doit faire autour de minuterie) ; pour lors, comme le pignon doit être proportionnément plus grand que dans le cas contraire, le produit de la multiplication du diamètre primitif du pignon par le nombre de ſes révolutions, ſuffira, ſans plus, pour établir le diamètre total de ſa roue.

Ce n'eſt pas aſſez, pour la bonne exécution d'un engrenage, d'avoir le moyen d'établir un rapport exact entre le diamètre des roues & celui des pignons qu'elles conduiſent ; il eſt encore à propos d'obſerver, par rapport aux roues plates, que moins elles ſeront nombrées, plus auſſi elles devront pénétrer dans le pignon ; plus l'étendue de la courbe pratiquée ſur la denture ſera grande, & plus cette courbe ſera difficile à former ; au point qu'une roue de 6 dents exigera, pour opérer la levée de 60 degrés de la part d'un pignon de 6, un engrenage qui pénètre juſqu'aux $\frac{2}{3}$ de ſon rayon,

---

de la roue ; & ajoutez 2 à ce produit. 3°. Diviſez le premier réſultat par le ſecond. Le quotient vous donnera le diamètre total du pignon.

On demande, par exemple, quel doit être le diamètre total d'un pignon de 6, qui fera 8 révolutions autour d'une roue de $5\frac{5}{8}$ lignes de diamètre. La première opération ſuſdite donnera le nombre 35. La ſeconde opération donnera celui de 42. Enfin, ce premier nombre diviſé par le ſecond rendra pour quotient $\frac{35}{42}$, ſoit $\frac{5}{8}$ lignes.

Ainſi le pignon de 6, correſpondant à une roue de 48 dents qui auroit $5\frac{5}{8}$ lignes de diamètre, aura $\frac{5}{8}$ ligne pour ſon diamètre total.

comme je l'ai dit ; & comme on peut le voir en préfentant ces deux mobiles fur l'inftrument dont je fais mention à la fin de ce Mémoire.

Ainfi la profondeur de cet engrenage décroît à mefure que le diamètre de la roue augmente ; tellement que la pénétration des $\frac{2}{3}$ du rayon du pignon fe réduit enfin à-peu-près à la moitié de ce rayon , dès que la roue a atteint un certain diamètre.

Il n'en eft pas ainfi de la roue de champ ; elle n'engrène dans aucun cas au-delà du demi-rayon d'un pignon de fix ; & pour que les roues plates en approchent le plus qu'il eft poffible, il n'y a point d'autre moyen que celui de les nombrer beaucoup ; comme on le verra par l'expofé ci-après d'une certaine quantité de roues , dont j'indique le nombre de dents , les degrés qu'elles doivent parcourir pendant la menée , & leur différente pénétration dans l'engrenage.

Nombre des dents des roues engrenant dans un pignon de 6.	Les degrés qu'elles parcourrent.	Quantité de leur engrenage.
6	60	$\frac{2}{3}$ du rayon du pignon.
12	30	$\frac{7}{12}$
18	20	$\frac{5}{9}$
24	15	$\frac{13}{24}$
30	12	$\frac{8}{15}$
36	10	$\frac{19}{36}$
42	$8\frac{4}{7}$	$\frac{11}{21}$
48	$7\frac{1}{2}$	$\frac{25}{48}$
54	$6\frac{2}{3}$	$\frac{14}{27}$
60	6	$\frac{31}{60}$

Voici le fondement de la dernière partie de cette tabelle, quant à l'engrenage : Une roue autour de laquelle un pignon de 6 feroit affez de révolutions pour que fon arc de menée pût être pris pour la tangente de cet arc, feroit à cet égard dans le cas d'une roue de champ, & auroit le même engrenage qu'elle, c'eft-à-dire, le $\frac{1}{3}$ rayon. Mais nous avons vu qu'une roue autour de laquelle ce pignon ne feroit qu'une révolution devroit pénétrer jufqu'aux $\frac{2}{3}$ de fon rayon. Il y a donc $\frac{1}{3}$ de rayon de difference entre le plus profond & le plus foible de ces engrenages. Or cette 6e. partie pour une roue de 6 dents, devient $\frac{1}{12}$ rélativement à une roue de 12 dents, $\frac{1}{18}$ rélativement à une roue de 18 dents, &c. Et voilà dans quelle proportion les engrenages doivent décroître à mefure que le nombre des révolutions augmente : de forte qu'une roue de 12 dents aura pour engrenage $\frac{6}{12}$, plus $\frac{1}{12}$, c'eft-à-dire $\frac{7}{12}$ du rayon de fon pignon ; une roue de 18 dents aura pour engrenage $\frac{9}{18}$, plus $\frac{1}{18}$, c'eft-à-dire $\frac{5}{9}$ de ce rayon ; une roue, enfin, de 60 dents en aura pour engrenage les $\frac{30}{60}$, plus $\frac{1}{60}$, c'eft-à-dire, les $\frac{31}{60}$.

On voit que la pénétration d'une roue plate de 60 dents ne diffère de celle de la roue de champ que de $\frac{1}{60}$ du rayon du pignon auquel elle engrène : ce qui pour un pignon d'une ligne de diamètre, fait une différence de $\frac{1}{120}$ partie de ligne ; quantité dont il n'eft guère poffible de tenir compte.

Comme les principes que j'établis ont pour

objet principal la régularité des vibrations du balancier, & que les roues qu'on emploie dans les montres se trouvent passablement chargées de dents, il est inutile de considérer l'engrenage qui résulteroit de deux mobiles de six dents chacun, puisqu'il est défectueux au point de ne pouvoir servir.

Quoique le pignon de 6 aîles soit le plus dé-favantageux de tous ceux qu'on emploie, on pourra cependant faire un assez bon engrenage par son moyen, dès que la roue sera très-nombrée ; car si l'on compare, par exemple, dans une roue de 60 dents, & de 9 lignes de diamètre, l'arc de 6 degrés qu'elle parcourt, tandis que son pignon en parcourt 60, avec la tangente de cet arc ; on verra que cette tangente ne s'écarte de son arc, que de $\frac{1}{45}$ de ligne ; ce qui forme dans la pratique une quantité presque imperceptible. Ainsi, quant à l'effet, la préférence qu'on donneroit à une roue en couronne sur une roue plate d'un tel nombre n'auroit pour raison qu'une imagination plus satisfaite.

La roue qui suit celle-ci & qui précède la roue de champ, n'a ordinairement pas moins de 48 dents ; & si nous la supposons de 7 lignes de diamètre, comme son arc de menée est de 7 $\frac{1}{2}$ degrés, cet arc ne s'écartera de sa tangente que d'environ $\frac{1}{33}$ de ligne ; quantité de petite conséquence dans la menée. Au lieu qu'en sup-posant un pignon de même grosseur qui ne feroit qu'une révolution autour de sa roue, l'écart dont nous parlons feroit de 1 ½ ligne , c'eft-à-dire , d'une quantité égale au rayon même de la roue.

On pourroit m'objecter que , dans une répétition , entre les roues du petit rouage , il y en a de 24 & de 20 dents ; mais je réponds que ces engrenages n'ayant d'autre utilité que de modérer l'activité de la force motrice , il importe beaucoup moins qu'ils foient d'une parfaite régularité ; il n'y a point ici de balancier fur lequel fe raffemblent toutes les imperfections qui naiffent de la difformité des engrenages.

Il eft à remarquer cependant que les répétitions dans le rouage defquelles ces pignons de 6 font employés , ont l'inconvénient de frapper les coups très-rapidement par la chaleur , & très-lentement par le froid ; ce qui eft défagréable pour le propriétaire. On pourroit obvier à cela , en employant des pignons plus nombrés ; puifque je fuis parvenu , en fubftituant fimplement un pignon de 12 à celui de délai qui étoit de 6 , à rendre la courfe d'un rouage , affecté de ce défaut , de même durée à toutes les températures.

Un motif non moins important juftifie encore la préférence que je donne aux pignons nombrés fur les autres ; c'eft l'avantage d'obtenir par leur moyen un plus puiffant régulateur , comme l'expérience m'en a convaincu.

Lorfque le reffort fpiral , qui doit régler une montre , eft adapté au balancier ; & que l'inertie de celui-ci , jointe à la réfiftance qu'oppofe ledit reffort à la puiffance motrice , empêche que le balancier ne foit mis en mouvement , c'eft une preuve que le balancier eft trop pefant ; il faut donc en diminuer la maffe , de quelque manière , au point qu'il parte à la tenfion du reffort moteur. Cette condition eft abfolument nécef- faire , pour que le balancier ne foit pas dans l'inaction , au moment qu'on retire la clef , après avoir remonté la montre.

Si l'échappement n'eft pas à repos , on peut abréger cette opération , en faifant enforte que le balancier feul exécute 7200 vibrations dans une heure ; laiffant au fpiral à en produire 10080 d'accélération ; ce qui fait une fomme de 17280 vibrations. Ou , ce qui revient au même , il faut que le balancier foit d'un tel poids , que la montre tire , fans fpiral , 25 minutes par heure , comme s'expriment les ouvriers.

Cette règle fera bonne pour le balancier d'une montre , dont les petits pignons feront de 6 aîles , & qui battra le nombre de vibra- tions fufmentionné ; mais c'eft une chofe très- digne de remarque , qu'avec la même quantité de vibrations , fi les pignons font de 7 , 8 , 10 ou 12 aîles , il ne fera point néceffaire d'alléger le balancier jufqu'à ce point ; parce qu'au moyen des engrenages formés par de tels pignons , il fe tranfmet une plus grande quantité de force motrice à la roue d'échappement ; ce qui peut provenir , tant de l'avantage qui en réfulte dans les leviers , que de la diminution dans le frotte- ment de ces engrenages.

Que , dans une montre à pignons de 6 ,

on n'ait que la force motrice suffisante pour communiquer le mouvement à un balancier de 10 lignes de diamètre, & du poids de 7 grains ; cette même force suffira pour mouvoir un balancier de 10 lignes $\frac{1}{3}$, pesant 7 grains $\frac{1}{12}$, si les pignons sont de 7 ; de 10 $\frac{1}{4}$ lignes, pesant 7 grains $\frac{1}{8}$, si les pignons sont de 8 ; de 10 $\frac{1}{2}$ dites, & de 7 grains $\frac{1}{3}$, si les pignons sont de 10 ; de 10 $\frac{3}{4}$ dites, & de 7 grains $\frac{1}{2}$, si les pignons sont de 12.

Il suit encore de la préférence donnée aux pignons nombrés, que les pivots sont d'une exécution plus facile ; puisque, le diamètre de ceux du balancier pouvant être plus grand, les pivots des autres roues peuvent être grossis à proportion.

Je ne pourrois mieux terminer ces observations sur les avantages que l'on trouve à nombrer beaucoup les mobiles, que par des réflexions analogues, tirées du 4e. numéro de l'excellent article *Frottement* fourni à l'Encyclopédie par M. Romilly, cet Artiste si justement célèbre.

« Le frottement des dents sur les aîles des » pignons consiste, dit-il, dans l'étendue de » la courbe qui roule sur l'aîle du pignon : » cette courbe est d'autant plus étendue, que » la roue est moins nombrée rélativement à » son pignon : plus elle est étendue, plus elle » est difficile à former ; & les accottemens » ou chûtes qui résultent de son imperfection, » sont d'autant plus fréquens, que la roue » étant peu nombrée tourne plus vîte. Donc,

» pour accourcir ces courbes, il n'y a point
» de meilleur moyen que de nombrer beaucoup
» les roues ; par-là les dents approchent d'être
» paralléles entr'elles ; en forte que la dent qui
» pouffe l'aîle, le fait d'autant plus facilement
» que le point d'attouchement de la dent fe
» fait comme par une fimple pulfion, & con-
» court en quelque forte au chemin qu'elle fait
» décrire à l'aîle. Si l'on pouvoit placer les
» dents des roues fur une circonférence con-
» cave, il eft aifé de preffentir l'avantage qui
» en réfulteroit ; les dents allant en élargiffant
» vers le fond, les aîles du pignon qui font
» le contraire, conviendroient d'autant mieux
» dans ces dentures, qu'elles pourroient fe
» dégager avec une grande facilité : mais ne
» pouvant pratiquer ces fortes de dents, il
» convient de s'en approcher le plus qu'il eft
» poffible ; or, on ne peut le faire que de deux
» manières ; 1°. en nombrant beaucoup les
» roues ; 2°. en faifant des roues de champ,
» où les dents font fur un plan, & par confé-
» quent parallèles ; mais il n'eft pas poffible
» d'en employer plufieurs de cette efpèce, à
» caufe que cela change la pofition des axes
» du pignon qu'elles conduifent ; en forte qu'il
» faut choifir le premier parti, comme le plus
» avantageux, pour rendre le plus uniforme le
» frottement de l'engrenage. »

III. Le 3e. cas à diftinguer eft la menée avec
uniformité ; & cette propriété dépend de la
forme des dents de la roue. Cette forme aban-

donnée au goût des ouvriers eſt regardée par la plupart d'entr'eux comme étant preſqu'arbitraire ; qu'en arrive-t-il? C'eſt que les mobiles préſentent ſouvent dans le cours de leur engrenage de grandes irrégularités.

Les moyens d'y remédier ont occupé de tout tems les Artiſtes qui raiſonnent ſur leur Art, & qui s'intéreſſent à ſes progrès. Mais comme cette découverte ſuppoſe des connoiſſances dont peu d'horlogers ſont pourvus , leurs ſuccès à cet égard n'ont été que très-imparfaits. Enfin, la géométrie nous a fourni la règle générale qu'on doit ſuivre à cet égard ; elle a tracé l'eſpèce de courbe qui doit terminer les dents des roues , pour que l'égalité de vîteſſe reſpective ſoit conſervée dans les deux mobiles pendant la menée ; & c'eſt ſelon que les ouvriers ont plus ou moins d'égard à cette forme dans leurs dentures, qu'ils approchent plus ou moins de l'uniformité qu'ils doivent chercher.

Cette courbe , qu'on appelle *Epicycloïde* , & dont nous avons déja parlé dans une note précédente , doit bien mieux être ſuivie dans l'arrondiſſage des dentures , que dans celui des pignons , vu l'étendue qu'elle a dans ce premier cas. Ses avantages conſiſtent à épargner la force motrice , à contribuer puiſſamment à l'égalité des vibrations du balancier , & à préſerver les trous de l'agrandiſſement , auquel la dureté & l'inégalité dans le frottement des dentures les expoſe.

On

On ne peut cependant se diffimuler que cette découverte, toute belle qu'elle eft, perd quelque chofe de fon prix, en ce qu'il eft plus aifé de fentir les avantages qu'elle fait efpérer, qu'il ne l'eft de fe les procurer par l'exécution.

Varier la forme de cette courbe, felon la différente grandeur des mobiles qui doivent la déterminer; &, de plus, confier à la main le foin de repréfenter fidélement ce que l'entendement a faifi, eft d'une fi grande difficulté, qu'on ne peut guère fe flatter du fuccès, à moins d'un inftrument qui rende la formation de cette courbe abfolument méchanique. Je crois avoir approché de ce but, par le moyen de deux demi-cercles gradués, au centre defquels font placés en engrenage les mobiles dont on veut former les courbes. Voyez *Figure* 10.

Pour voir l'action d'une feule dent de la roue fur l'aîle du pignon, j'en ai caffé de part & d'autre les deux dents voifines; puis, je preffe les tiges du pignon par les cylindres qui l'affujettiffent, de manière qu'il ne puiffe tourner librement. Enfuite, je place l'aîle du pignon fur la ligne des centres; & j'amène la dent qui fe trouve entre les deux dents caffées contre le flanc de cette aîle.

J'eftime que c'eft dans cette difpofition que la dent doit commencer fon action; & elle doit la continuer, jufqu'à ce que l'aîle fuivante foit amenée au même point d'où la première eft partie.

C

Alors ; après avoir ajusté deux éguilles sur les deux mobiles , l'une & l'autre placées à zéro des deux demi-cercles , je fais mouvoir la roue. Que cette roue ait 72 dents , & qu'on donne 6 aîles au pignon ; quand l'éguille attachée à la roue aura parcouru 5 degrés , j'examine si celle qui est sur le pignon en a parcouru 60 ; ce qui est un préliminaire indispensable. S'il y en a plus, ou moins , j'estime le pignon trop gros, ou trop petit , selon l'observation faite en traitant de la forme du pignon ; & j'y remédie.

L'engrenage étant à cet égard à son point de précision, il ne s'agit plus que d'examiner si la courbe de la denture est telle qu'elle puisse remplir le but qu'on se propose.

Pour m'en assurer , je ramène les éguilles à zéro ; & après avoir fait parcourir un degré à la roue , je regarde s'il y en a 12 parcourus par le pignon ; s'il y en a plus , comme c'est l'ordinaire, je lime la courbe à son origine , jusqu'à ce que j'aie 12 degrés de la part du pignon, pour un degré du fait de la roue ; & conséquemment 24 pour deux , 36 pour 3 , & enfin 60 pour 5.

Si l'on veut pousser l'exactitude plus loin , on peut partager en deux parties les degrés parcourus par la roue , & faire 10 divisions égales des 5 degrés qui constituent sa menée ; de sorte qu'on pourra former une courbe qui ménera le pignon avec uniformité de 6 en 6 degrés , jusqu'au terme de 60 degrés , qui est la fin de fa levée. Je crois que c'eft-là tout ce qu'on peut exiger de plus précis.

Les dentures qui agiffent fur des pignons nombrés comme de 12 aîles, doivent avoir autant de vuide que de plein ; & à mefure que les pignons & les roues diminuent en nombre, il faut augmenter proportionnellement le pléin de la denture ; de manière que les dents étant fuffifamment étoffées, elles préfentent affez de furface pour qu'on puiffe donner à la courbe l'étendue néceffaire. C'eft ainfi qu'on fuivra d'auffi près qu'il fera poffible la forme des courbes géométriques.

Si l'on ordonnoit dans une montre tous les pignons de même groffeur, on mettroit de la fimplicité dans le plan, & l'exécution en deviendroit plus aifée & moins imparfaite ; en ce que les limes qui auroient fervi à finir à l'outil la première denture pourroient être employées pour finir les autres.

On pourra dire que cette pratique eft plus commode qu'exacte ; parce que la courbe qui convient à la denture d'une roue de 60 dents, ne peut être celle d'une roue de 48.

Cette objection auroit plus de force, fi je voulois qu'on appliquât le moyen que je propofe aux roues de ces montres où l'on eft dans l'ufage de faire un mélange de gros & petits pignons ; je conviens que les dents des roues font fi diffemblables dans ces pièces, qu'il ne feroit pas poffible de les traiter avec les mêmes limes.

Mais les pignons étant d'égale grosseur ; il en résulte aussi de l'uniformité dans la grosseur des dents des roues ; de sorte qu'une roue de 8 lignes & $\frac{2}{3}$ de diamètre, ayant 60 dents, & une roue de 48 dents ayant 7 lignes, porteront des dents semblables, & conviendront l'une & l'autre à un pignon de 6 aîles, & d'une ligne de grosseur.

Voilà donc une des causes de la diversité de courbure dans les épicycloïdes levée par ce moyen. Car cette diversité naît, tant de la différence de grosseur dans les pignons, que de celle qui a lieu dans la grandeur des roues : de sorte que les pignons étant égaux, cette courbe ne varie plus que comme le diamètre des roues. Or l'effet de cette différence peut être regardé comme nul dans une roue du centre de 60 dents, comparée à la petite roue moyenne ; à plus forte raison, s'il s'agit de la petite roue moyenne comparée à la roue de champ.

Ainsi, les mobiles étant bien préparés, je dis que la lime qui aura fait la denture d'une de ces roues, menant avec uniformité le pignon, pourra non-seulement être employée sans inconvénient à faire la denture des deux autres roues ; mais qu'on ne pourroit substituer à ce moyen un expédient qui fût sensiblement meilleur.

Au surplus, il a été démontré par la régularité des vibrations du balancier d'une montre à répétition & à roue de rencontre, exécutée felon mes principes , & qui a été foumife à l'infpection de quelques-uns des Commiffaires , nommés pour l'examen de ce Mémoire , que le moyen fus-indiqué s'il eft imparfait , n'a pu être manifefté tel par les ofcillations du balancier , qui rendent fi fenfibles toutes les imperfections des engrenages.

Quoique je fois arrivé au terme que je me fuis prefcrit , l'on s'appercevra que ce que j'ai expofé fur cette matière eft fort en deçà des limites que l'on peut atteindre ; mais en attendant que quelqu'un nous donne un traité complet fur la pratique des engrenages , j'ai penfé que cet effai pourroit être de quelque utilité aux Artiftes , tant pour régler le rapport qui doit fe trouver entre les roues & leurs pignons , que pour déterminer la profondeur qu'exigent les différens engrenages , & fournir un moyen facile de tracer la courbe des dentures.

L'on trouvera ci-après la defcription des inftrumens dont je me fers pour obtenir tous ces avantages ; je les foumets à l'examen du Comité ; & s'il les juge utiles à la perfection de l'art , & à notre fabrique en particulier , c'eft avec un vrai plaifir que j'en rendrai la connoiffance publique.

Quoique ces inftrumens puiffent être d'un ufage général , il n'eft pas néceffaire pour qu'ils rempliffent la plus grande partie de leur but , que chaque ouvrier en foit pourvu. Il fuffira qu'ils foient entre les mains de quelques Artiftes distingués par leurs talens , & qui faſſent établir beaucoup de montres. Les calibres qu'ils dreſſeront , pour être remis aux faiſeurs de mouvemens , pourront déterminer la groſſeur des pignons , au moyen de trous formés ſur notre meſure ; de cette manière , l'inſtruction néceſſaire à cette claſſe d'ouvriers réunira ces deux principaux avantages , la briéveté & la ſûreté.

DESCRIPTION

DU COMPAS

DE PROPORTION,

Dont on a parlé dans le Mémoire qui précède, & de ses différens usages; accompagnée de plusieurs règles importantes dans la pratique de l'horlogerie.

Dans la description que je me propose de faire, je ne détaillerai pas les raisons qui m'ont engagé à la recherche des principes que j'ai adoptés sur les engrenages, & les essais par lesquels je suis parvenu à rendre le compas, où j'ai fait l'application de ces principes, plus digne d'être présenté aux Artistes.

Il me suffit d'exposer ici, que c'est au commencement de 1773 que je fis exécuter par le Sr. Borel, faiseur d'outils, le premier instrument de cette espèce qui ait paru. Cet instrument étoit abfolument femblable, quant à fon apparence, à celui dont je préfente ici le deffin (*voyez fig.* 1.) fi on en excepte la forme circulaire que j'avois donné à la lame placée au bout de fes branches.

Le defir que j'avois de rendre utile cette partie de l'inftrument, & le peu d'ufages auxquels elle pouvoit fe prèter fous cette forme, m'engagèrent dans une conférence à ce fujet avec M. Abraham Loffier. Cet ami m'aida de fes lumières ; & fatisfit à mes vues, en m'indiquant la fubftitution d'une règle à cette portion de cercle.

J'adaptai enfuite un reffort au centre de l'inftrument, pour que l'ouverture du compas ne dépendît pas de la vis de rappel, dont le jeu dans fon écrou auroit caufé tôt ou tard quelque inexactitude dans la mefure.

Malgré ces corrections, il s'en falloit bien que cet inftrument, de même que le Mémoire qui en accompagnoit la defcription, euffent le degré d'utilité qu'ils ont aujourd'hui. Ce changement avantageux étoit réfervé au zèle & aux lumières des Commiffaires nommés par le Comité des Arts, qui voulurent bien coopérer par leurs bons avis à la perfection d'un ouvrage remis à leur examen.

On fentira par cet expofé, combien il eft avantageux aux Artiftes d'exercer leurs talens au fein d'une affociation qui a pour but l'encouragement des arts, & dont les fecours peuvent développer des germes, qui fans ellé demeureroient infructueux.

Ce compas d'acier, très-folidement fait, eſt cependant ſi léger qu'il ne pèſe pas une once & trois quarts ; ſa longueur eſt de ſix à ſept pouces. La vis (*a*) qui eſt au centre de mouvement diviſe l'inſtrument en deux parties inégales ; de ſorte que faiſant treize parties de toute ſa longueur, il y en a douze du côté où ſont les branches (*BB*). Sur ces branches ſont ajuſtés des coulans d'une ſeule piéce (*c*), que l'on peut mener de bout en bout, & fixer à telle place qu'on veut, par les vis (*d*).

L'autre portion (*D*), & qui forme le calibre à pignons, fait la treizième partie de la longueur de l'inſtrument.

Au ſommet des branches, on a fixé une règle (*E*) diviſée en pouces & lignes, à la meſure d'un demi-pied de roi ; la longueur de cette règle, & l'ouverture du calibre ſont dans le rapport de 12 à 1 ; de ſorte que les ſix pouces de la règle donnent ſix lignes d'ouverture au calibre à pignon ; un pouce, une ligne ; une ligne, une douzième de ligne, &c.

Les trois premières lignes (*e*) de la règle ſont diviſées par quarts ; & ces quarts ſont ſubdiviſés en d'autres quarts, qui ſont indiqués ſur une ligne tranſverſale par trois points plus petits que ceux entre leſquels ils ſont placés ; de ſorte qu'en faiſant avancer ou rétrograder la règle d'un point à l'autre, ſous l'éguille ou index (*H*) qui la couvre , on aura par le calibre à pignon la 192e. partie d'une ligne , & la 384e. entre deux points (5).

Lorſque le devant de cet index , que l'on fait avancer ſur la règle , eſt ſur une ligne , on a par le calibre à pignon une douzième de ligne ; & ſi on l'a fait avancer aſſez pour que ce ſoit la première des entailles pratiquées ſur le derrière de l'index qui porte ſur cette ligne , on a par le calibre à pignon $\frac{1}{12}$ de ligne & $\frac{1}{4}$, ſoit $\frac{5}{48}$, &c.

Une face des branches , *fig.* 1 , préſente cinq colonnes de chiffres ; trois ſur une branche , & deux ſur l'autre. La première de ces colonnes indique tous les nombres dont on peut avoir beſoin , pour des roues qui doivent conduire des pignons de ſix. La ſeconde , tous ceux qu'on peut appliquer aux roues qui conduiſent des pignons de ſept. La troiſième ſert pour les roues menant des pignons de huit. La 4e. & la 5e. pour celles qui mènent des pignons de dix & de douze.

L'autre face des branches , *fig.* 2 , a des diviſions , ſur leſquelles les coulans étant amenés ,

---

(5) Dans la crainte que ces ſubdiviſions ne puſſent être exactement repréſentées ſur la planche , on a préféré ſimplement de les indiquer. On a de même réduit à des nombres ronds de révolutions de la part des pignons , le nombre de dents que l'on ſuppoſe à leurs roues correſpondantes ; quoique l'inſtrument repréſente effectivement les révolutions de pignons par fractions de 6e, 7e, 8e. 10e, 12e, ſelon que la colonne eſt pour des pignons de 6 , 7 , 8 , 10 ou 12.

l'on obtient des mefures qui font, quant à l'ouverture du calibre à pignon, comme 2 &c.
jufqu'à 12, font à 1 ; ces divifions font fubdi-
vifées par quarts.

Sur une des branches, font indiquées les
proportions que doit avoir la fufée avec le
barillet, rélativement au nombre de tours de
celle-là, afin d'obtenir une chaîne de jufte
longueur.

Sur l'autre branche, fe trouvent les chiffres
11, 13, 15, 17, 19, qui font les nombres
fur lefquels la plupart des roues de rencontre
font fendues.

Un peu plus bas, les mêmes chiffres font
répétés ; & l'objet de ces mefures eft de donner
la groffeur d'une verge ronde, à gros corps ;
comme on l'expliquera ci-après.

La *figure* 3, repréfente le barillet & fon
reffort ; les vis par le moyen defquelles il eft
attaché fur l'inftrument, fe voient deçà & de-là
du barillet, ainfi que l'arbre auquel le reffort
eft accroché.

La *figure* 4, repréfente la vis de rappel &
fes tenons, avec les rofettes qui fervent à les
fixer fur l'inftrument.

Joignons à cette defcription celle de quelques inftrumens inféparables du compas de proportion, & qui contribuent à en étendre confi-
dérablement les fervices.

Ce font des lames dreffées de chaque côté à
la règle ; après quoi, on les arrondit légérement

pour en ôter les angles ; & comme les bouts font d'inégale largeur , je nomme ces inftru- mens *Pyramides*. Elles font au nombre de quatre ; la petite eft d'acier , & les trois autres de laiton. On les voit fous les *figures* 5 , 6 , 7 & 8.

La plus grande largeur de la pyramide , *fig.* 5 , eft d'une ligne ; & le bout le plus étroit eft d'une 6e. de ligne ; fa longueur eft d'environ deux pouces ; elle eft divifée dans cette lon- gueur en douzièmes de ligne , depuis 2 jufqu'à 12. L'utilité de cette pyramide , eft de pouvoir mefurer les quantités qui font au-deffous d'une ligne ; & fpécialement , d'eftimer la grandeur des trous , tels que ceux qu'on fait au calibre , pour indiquer la jufte groffeur des pignons. Elle fert encore de règle pour agrandir au point convenable le trou d'une roue , dans lequel une rivure doit entrer avec juftefle.

La pyramide , *fig.* 6 , eft comme la conti- nuation de la précédente. Son bout le plus étroit eft d'une ligne , & le plus large de quatre dites ; fa longueur qui eft de quatre pouces & demi , eft divifée en douzièmes de ligne. Elle fert prin- cipalement à faire des trous de la groffeur pré- cife des gros pignons , & à prendre , entre les coulans , le diamètre des petites roues , telles que le compas de proportion les indique.

La troifième , *fig.* 7 , eft , de même , la continuation de la précédente. Elle a 4 lignes à fon bout le plus étroit , & 8 au plus large ;

ſa longueur , qui eſt de ſix pouces, eſt diviſée pareillement en lignes & douzièmes de ligne. Elle ſert à prendre le diamètre des roues , indiqué par le compas de proportion.

La quatrième , *fig.* 8 , eſt auſſi la continuation de la précédente. Un dè ſes bouts a huit lignes de largeur , & l'autre un pouce ; elle eſt pareillement diviſée en lignes & douzièmes de ligne , ſur ſa longueur qui a demi-pied. Au bout le plus large , ſont ajuſtées deux couliſſes , dans leſquelles peuvent gliſſer deux lames d'acier, longues chacune d'un demi-pouce ; de ſorte que, quand elles ſont dans leurs couliſſes , & que leurs bouts ſe touchent , elles n'occupent que la largeur de la pyramide ; elles ſont aſſujetties à telle place que l'on veut par les vis (*bb*) qui les preſſent ; tellement qu'en introduiſant une pyramide entre ces deux lames d'acier, on peut augmenter la meſure juſqu'à dix-huit lignes. Cette pyramide ſert à prendre le diamètre des grandes roues, ainſi que des balanciers ; & à repréſenter la grandeur d'un calibre projetté.

A ces pyramides , il eſt utile de joindre l'échelle repréſentée par la *fig.* 9. C'eſt une bande de laiton , formant un quarré long , ſur laquelle on peut prendre des rayons de cercles, depuis un pouce , juſqu'à une vingt-quatrième de ligne , par le moyen d'un trait oblique long de ſix pouces , & qui s'élève d'une ligne depuis ſon origine juſqu'à ſa fin. Les bouts de cette bande qui ont un pouce de largeur , ſont diviſés en douze parties ; & ſes côtes ayant ſix pouces de longueur, & étant divisés en 24 parties, on peut prendre de la première ligne à la seconde qui lui est oblique, une 24ᵉ de ligne, & même une 48ᵉ en prenant le milieu entre deux divisions. De sorte qu'au moyen de cette échelle, quel que soit le diamètre des pignons, roues, balanciers, calibres, &c. indiqué par les pyramides, il peut être représenté très-exactement, en le prenant avec le compas.

Usages du Compas.

1. PAR le moyen des divisions qui font sur la règle du compas, on peut prendre par le calibre à pignon l'épaisseur d'une 384ᵉ. de ligne jusqu'à demi-pouce ; en forte que cet instrument peut servir aux plus petites mesures, & spécialement tenir lieu de calibre à pivots (6).

---

(6) Depuis que les Ouvriers ont entre leurs mains l'*Essai sur l'Horlogerie* par M. Berthoud, ils se font familiarisés avec ces mesures, & savent aujourd'hui ce que vaut $\frac{1}{48}$ de ligne ; on ne pourroit cependant guère changer ce dénominateur sans les jetter dans l'embarras ; car quoique $\frac{3}{48}$ de ligne reviennent à $\frac{1}{12}$, il vaut mieux ne point réduire cette fraction. Lors donc qu'on voudroit leur faire exécuter, par exemple, un pivot de $\frac{11}{192}$ ou de $\frac{23}{384}$, il vaudroit mieux leur dire : $\frac{2}{48}$ & $\frac{3}{4}$ ou $\frac{2}{48}$ & $\frac{7}{8}$. D'ailleurs, cette manière de compter est plus conforme aux mesures indiquées par l'instrument même ; puisque l'espace d'une 48ᵉ de ligne à l'autre est occupé par trois points qui en font les quarts ; & qu'en faisant passer l'index au milieu de l'espace qui est entre deux points, ce mouvement change la mesure d'une 384ᵉ de ligne.

2. Si on amène les coulans dans le milieu des branches, sur le chiffre 6, la mesure qu'ils donneront sera exactement la moitié de celle de la règle ; c'est-à-dire, qu'une ligne indiquée par la règle sera demi-ligne entre les coulans ; & le demi-pied trois pouces ; de sorte que si l'on a quelque chose à mesurer qui excède la longueur de six lignes, on pourra se servir des coulans jusqu'à la mesure de trois pouces.

3. L'épaisseur de la virole, soit l'écorce cylindrique d'un barillet, étant communément d'un quart de ligne ; il suit de cette observation, que mesurant le diamètre extérieur du barillet entre les coulans rangés sur le chiffre 3 & $\frac{1}{4}$, le calibre à pignon donnera le tiers du diamètre intérieur, & par conséquent la grosseur de l'arbre, comme elle doit être.

4. Selon le principe adopté, de donner 100 degrés d'ouverture aux palettes des verges de balancier, & 40 degrés à leur arc de levée ; la largeur dont ces palettes doivent être, sera déterminée par le calibre à pignon, en mesurant le diamètre de la roue d'échappement entre les coulans placés sur les chiffres 11, 13, 15, 17 ou 19, selon que cette roue aura l'un ou l'autre de ces nombres.

5. Comme on est dans l'usage de faire des verges, qui, par leur grosseur, ressemblent à un cylindre, & dont l'axe entaillé environ jusqu'au centre, pour le passage de la roue de rencontre, en figure les palettes & détermine

leur largeur ; on pourra avoir la mesure de ces verges, en plaçant les coulans sur les chiffres 11, 13, 15, 17 ou 19, au bout desquels se trouve une ligne d'écriture ; & le diamètre de la roue d'échappement, pris entre les coulans, donnera par le calibre à pignon la grosseur de cette sorte de verge.

6. Ayant observé que la proportion de 5 à 3 pour la base & le sommet de la fusée, donnoit à cette pièce la figure la plus approchante de celle qu'elle doit recevoir, étant égalisée au ressort ; j'ai fixé ces proportions sur une des branches, en les indiquant par ces mots : *Base de la fusée* ; *Sommet de la fusée.*

Mais·comme la fusée doit être plus grande ou plus petite, à raison du nombre de tours que la chaîne fait sur elle ; voici la manière d'en déterminer la grosseur : Selon que la fusée aura 5, 6, 7 ou 8 tours ; amenez les coulans sur l'un ou l'autre de ces chiffres ; & là, prenant le diamètre du barillet, fixez-y le Compas ; ensuite, descendant les coulans sur la division qui a pour titre, *Base de la fusée*, l'intervalle des coulans vous donnera cette Base ; de même, en les descendant sur la division qui a pour titre, *Sommet de la fusée*, vous en obtiendrez le sommet.

Comme l'usage le plus fréquent est de donner six tours à la fusée, c'est pour cette raison que, sous le chiffre 6, j'ai placé le mot *Barillet*, pour indiquer que c'est-là où son diamètre doit
être

être pris ; mais fi la fufée a 6 ½ ou 7 tours , on rangera les coulans fur 6 ½ ou 7 , pour y mefurer le barillet.

Au furplus , l'inftrument fe prêtant à telle mefure qu'il plaira de l'affujettir , ceux qui voudront des fufées plus grandes ou plus petites , pourront fe les procurer telles , fans changer la proportion de 5 à 3 , rélativement aux deux diamètres de ce mobile.

7. Dans les cinq colonnes de chiffres , tracées fur les branches de l'inftrument , on trouve tous les nombres dont on peut avoir befoin pour les mobiles de l'horlogerie. Ainfi , voulez-vous avoir la groffeur d'un pignon correfpondant à une roue quelconque ? Cherchez la colonne qui marque le nombre d'aîles dont votre pignon doit être pourvu ; & prenant dans cette colonne le nombre des dents de votre roue , fixez-y les coulans ; mefurez , enfuite , la roue entre ces coulans ; & vous aurez par le calibre de l'inftrument la groffeur de votre pignon. Voulez-vous , au contraire , avoir la grandeur de la roue par le pignon ? Ouvrez le Compas de manière que fon calibre à pignon en contienne le diamètre ; & après avoir placé les coulans fur le nombre des dents de la roue pris dans la colonne des aîles du pignon , l'intervalle de ces coulans vous donnera le diamètre de la roue.

Et comme une roue plate coûte beaucoup moins à refaire qu'un pignon qui fe trouveroit un peu trop gros ou trop petit , on peut rectifier cette irrégularité dans un ouvrage déja fini , en faifant une roue plus grande ou plus petite; felon que le Compas l'indiquera ; & fi on ne peut en changer le diamètre, l'on montera ou l'on defcendra les coulans à la mefure du diamètre de la roue à refaire ; & là où ils feront arrêtés, l'inftrument indiquera fi c'eft une ou deux dents qu'il faut ajouter, ou retrancher, au nombre de celles dont elle eft pourvue.

Enfin, rien n'eft plus commode pour projetter telle conftruction de calibre qu'il plaira d'imaginer, que cette facilité avec laquelle on peut favoir d'avance quel fera le diamètre des mobiles qui doivent entrer dans le plan qu'on fe propofe ; & jufqu'où l'on peut aller dans l'exécution, en faifant choix de pignons plus ou moins nombrés, felon un calibre de grandeur donnée : ce qui donne la faculté de le tracer fans place perdue, ni gêne quelconques.

8. On fait qu'il n'y a point d'inftrument qui exige tant de juftefle & de précifion que celui qui fert à faire les engrenages, & l'on auroit peut-être de la peine à croire que notre Compas pût en tenir lieu. Cependant c'eft là un de fes principaux avantages ; & telle eft l'exactitude des principes fur lefquels eft fondée fa divifion, qu'en y apportant l'attention requife, on obtiendra par fon moyen un rapport auffi jufte, que par l'inftrument qui eft deftiné uniquement à cet ufage ; & voici comment :

On confidérera, que chaque révolution du pignon autour de la roue qui le mène, eft exprimée fur les branches du Compas, par la colonne des pignons de fix, de 6 en 6 points ; par celle des pignons de fept, de 7 en 7 points ; & enfin par celles des pignons de huit, dix, douze, de 8 en 8 ; de 10 en 10 ; & de 12 en 12 points. Or après qu'on aura pris le diamètre d'une roue quelconque, par le moyen des coulans placés dans la colonne du pignon auquel elle engrène, fur les chiffres qui expriment le nombre des dents de cette roue ; fi l'on monte les coulans d'autant de points qu'il y a d'aîles à fon pignon, on aura là le diamètre de la roue augmenté du diamètre primitif du pignon ; & enfin, fi on élève les coulans d'un point de plus, cette augmentation fera du diamètre total.

Puis donc qu'au rayon de la roue on peut joindre telle grandeur que l'on veut ; il ne s'agit que d'y ajouter le rayon du pignon pris où fe termine l'engrenage, foit le rayon de l'axe de ce pignon, felon l'eftimation qui en eft faite dans la table qui s'y rapporte dans notre Mémoire. Par exemple, nous avons montré que l'engrenage d'une roue de 60 dents, agiffant fur un pignon de 6, & d'une ligne de groffeur, en prendra les $\frac{3}{8}$, foit la moitié de fon rayon ; ce qui réduira l'axe de ce pignon à $\frac{1}{2}$ ligne. Donc, fi on ajoute $\frac{1}{2}$ ligne à 8 lignes & $\frac{2}{3}$ de diamètre que la roue doit avoir, on aura pour diftance des centres de ces deux mobiles, la moitié de ces diamètres, foit 4 lignes $\frac{7}{12}$; & l'engrenage fera fait.

Or pour obtenir cette mefure par notre

Compas, on élèvera les coulans de 3 $\frac{1}{2}$ points au-deſſus du nombre des dents que porte la roue. Ainſi la règle à ſuivre afin d'obtenir l'engrenage pour tout pignon, eſt : de meſurer d'abord ſa roue, comme à l'ordinaire, en plaçant les coulans au nombre convenable ; enſuite, de monter les coulans au-deſſus de ce nombre, de 3 $\frac{1}{2}$ points pour pignons de 6 ; de 4 $\frac{1}{2}$ pour ceux de 7 ; de 5 $\frac{1}{2}$ pour ceux de 8 ; de 7 $\frac{1}{2}$ pour ceux de 10 ; & de 9 $\frac{1}{2}$ pour ceux de 12. Alors, l'ouverture du Compas contiendra exactement entre les coulans une quantité, dont la moitié ſera la diſtance des deux centres que doivent occuper la roue & le pignon, pour que l'engrenage ſoit juſte.

Par cette méthode, il eſt aiſé de réſoudre ce problême : *Les centres de deux mobiles étant donnés, ainſi que leurs nombres, déterminer leur grandeur.* Pour cet effet, opérant comme nous venons de le dire, prenez dans le Compas la colonne du même nombre que votre pignon ; & voyant ſur cette colonne le nombre de dents que doit avoir votre roue, placez les coulans au-deſſus du chiffre qui l'indique, de la quantité de points deſignée dans le paragraphe précédent, ſelon le nombre de votre pignon. Ouvrez enſuite le compas, de manière que les coulans ſoient éloignés l'un de l'autre de la double diſtance des deux mobiles ; ce qui ſe fera aiſément par les pyramides. Alors, le calibre à pignon de l'inſtrument vous donnera la groſſeur de votre pignon. Puis, ſans déranger le Compas, ſi vous

deſcendez les coulans ſur le nombre des dents
de la roue , marqué ſur la même colonne ,
l'intervalle de ces coulans vous donnera le diamètre de ce mobile.

9. La roue de roſette , & le rateau où elle
engrène , doivent avoir à leurs circonférences
des dents , qui permettent de faire un engrenage ſans lochement , & tout-à-fait clos ; afin
que , quand on fait paſſer l'éguille de roſette
d'une diviſion à l'autre , on puiſſe être aſſuré
que le rateau a fait un chemin égal ; & comme
ce n'eſt à l'ordinaire qu'en tâtonnant qu'on
rencontre les nombres convenables , on trouvera ſans doute commode qu'on puiſſe les déterminer par notre compas. Pour cet effet, on
placera les coulans ſur le nombre 30 de la
colonne des pignons de 6 , en ſuppoſant qu'on
veuille donner 30 dents à la roue de roſette ;
& là , on prendra le diamètre de cette roue.
Puis , ſans changer l'ouverture du Compas
qu'on aura obtenue , on montera les coulans
autant que le diamètre du rateau l'exigera pour
qu'il puiſſe y être compris ; & en obſervant le
nombre auquel ces coulans feront arrêtés , on
donnera ce nombre au rateau , diminué d'un
unité ; autrement , les dents de la roue feroient
un peu trop groſſes.

Mais quelquefois il arrive , que l'on a une
roue de roſette à refaire , ſoit parce que l'engrenage avec le rateau n'eſt pas bon , ou qu'on
eſt obligé de la faire plus grande ou plus petite ;
en ce cas , & pour rencontrer le nombre qu'il

convient de lui donner, fixez l'inſtrument de telle ſorte que trois pointes de dents du rateau ſoient meſurées par ſon calibre à pignon ; puis, placez les coulans de manière que vous ayez là le diamètre de la roue ; alors, le nombre de la colonne des pignons de 6 où les coulans s'arrêteront, ſera celui ſur lequel il conviendra de la faire fendre.

10. Il n'eſt pas indifférent de faire de groſſes ou de petites dents au rochet d'encliquetage de la première roue du petit rouage ; & il eſt eſſentiel que les horlogers indiquent eux-mêmes le nombre ſur lequel il convient de tailler les rochets, plutôt que d'en abandonner le ſoin aux fendeuſes. Pour cet effet, on ouvrira le compas de manière que l'index de la règle ſoit ſur 4 $\frac{1}{2}$ lignes. Enſuite, on placera les coulans de telle ſorte qu'ils embraſſent exactement le diamètre du rochet que l'on veut faire tailler. Enfin, on fera fendre ce rochet ſur le nombre de la colonne des pignons de 6, qui ſera indiqué par le coulant. De cette manière, on aura des dents bien proportionnées & telles qu'il convient. On peut ſuivre la même règle pour tout autre rochet.

11. L'épaiſſeur de la lame d'un reſſort ſpiral de force & grandeur moyennes n'eſt pas moindre d'une 48e. de ligne ; celle d'un reſſort de barillet de 16 à 17 pouces de longueur, ſur une ligne & un tiers de hauteur, eſt communément d'une 12e. de ligne, ſoit quatre fois l'épaiſſeur du reſſort ſpiral ; & celle d'un reſſort de pen-

dule, large d'un pouce, & long de 7 pieds, n'eſt que d'une 6ᵉ. de ligne, ſoit huit fois l'épaiſſeur du reſſort ſpiral. On voit par-là que l'épaiſſeur des lames ne ſuit point la proportion des grandeurs. Et en comparant des reſſorts faits pour des montres dont les calibres étoient de 14 & de 18 lignes de diamètre, je n'ai trouvé de différence entr'eux que dans la longueur & hauteur des lames, mais peu ou point dans leur épaiſſeur.

Puis donc que la largeur des lames eſt comme la hauteur intérieure du barillet ; ſi par le diamètre de celui-ci on peut connoître quelle doit être la longueur du reſſort, rélativement au nombre de tours qu'il doit faire, tout ſera déterminé ; car en preſcrivant la longueur du reſſort, & ordonnant que par ſon développement le barillet faſſe 5 tours ſelon l'uſage, l'épaiſſeur de la lame ſera donnée.

Pour avoir cette longueur dans tous les cas, on placera les coulans ſur le nombre 30 de la colonne des pignons de 6 ; on ouvrira le compas par la vis de rappel, juſqu'à ce que le diamètre du barillet ſoit contenu entre les coulans ; & conſidérant les lignes de la règle comme autant de pouces, on aura, par la quantité que l'index en indiquera, le nombre de pouces à donner au reſſort qui doit entrer dans le barillet meſuré.

La quantité d'acier qui entre dans le barillet ne pouvant être augmentée au-delà de ce que donne cette meſure, on ne peut rien obtenir de plus ; mais souvent l'on obtient moins , quand on n'en fait pas usage. Car il faut remarquer , que les faiseurs de ressorts n'ont pour la plupart d'autre règle à cet égard que le tâtonnement ; ils essaient un ressort dans le barillet qui leur est donné , & s'il ne fait pas les tours requis , ils n'ont d'autre moyen que de l'accourcir ; ce qu'ils ne peuvent faire que de deux manières , savoir, en le rognant par le centre , ou par la partie extérieure. Le premier de ces expédiens seroit le meilleur. Mais comme le ressort est déja roulé lorsqu'ils l'essaient , il ne leur reste plus de choix ; & ils l'accourcissent par la partie extérieure ; ce qui tend à lui faire perdre une assez grande partie de sa force.

Pour s'en convaincre , on n'a qu'à répéter cette expérience déja connue : Prenez deux ressorts , de même longueur , hauteur & épaisseur ; en sorte que le barillet où on les ajustera (que je suppose de six lignes de diamètre) fasse exactement 5 tours , par le développement de l'un & de l'autre de ces ressorts. Retranchez un demi-pouce au centre de l'un des deux ; ôtez une quantité double à la partie extérieure de l'autre. Et vous verrez que par le développement de ces ressorts , il n'en résultera qu'une même quantité de tours. Mais ces ressorts seront inégaux dans leurs effets comme dans leur longueur ; c'est-à-dire , que le plus court sera aussi le plus foible : D'où il faut conclure , que pour n'être pas exposé à la mauvaise opération de ces accourcissemens de la part des ouvriers , il y a un avantage réel à leur prescrire la juste longueur que doit avoir le ressort. Si, de plus, il vient à se rompre, celui qui le remplacera étant de même longueur, hauteur & épaisseur, l'on pourra compter sur les mêmes résultats, pourvu que la trempe soit la même.

12. On voit souvent, même dans des montres assez bien faites, que les pivots des arbres du barillet, de la fusée, de la 1e. roue du petit rouage, & de la roue du centre, ne sont déterminés dans leur grosseur par aucune règle, & qu'on ne consulte point à cet égard le diamètre des calibres ; quoiqu'il soit certain qu'un trop gros pivot fait perdre une partie de la force motrice.

Pour remédier à cet abus, & fournir aux ouvriers un moyen sûr de proportionner les pivots desdits mobiles aux efforts qu'ils ont à supporter, & ne leur laisser que ce qu'exige la solidité ; on placera les coulans sur le chiffre $10\frac{1}{2}$; & là, on prendra le diamètre de la roue de fusée ; ce qui donnera par le calibre à pignon la grosseur de la tige où se fait le quarré. On mesurera à la même place le diamètre du barillet ; puis celui de la 1e. roue du petit rouage ; & l'on aura, soit par la règle, soit par le calibre à pignon, la grosseur des pivots de ces mobiles.

Le pivot de la 1e. roue du petit rouage étant donné par le diamètre de sa roue, on pourra faire celui de la roue du centre de même grosseur ; & dans les montres simples où il n'y a point de petit rouage, on donnera à la tige de la roue du centre le quart de la groffeur du pignon : pour cet effet, il n'y a qu'à placer les coulans fur le chiffre 4 ; & là, mefurant le pignon dont il s'agit, on en aura le quart par le calibre à pignon, ou par la règle au bout des branches.

13. Par le moyen de ce compas, on peut avoir réciproquement le diamètre du cylindre par celui de la roue ; ou le diamètre de la roue par celui du cylindre ; & toutes les autres dimenfions à donner aux deux mobiles qui conftituent cet échappement.

En général, ceux qui s'exerceront dans le maniement de notre compas, trouveront par fon moyen toutes les mefures & les proportions dont ils auront befoin, pour mettre d'accord entr'eux les différens mobiles de l'horlogerie, & les diverfes parties qui les compofent.

14. Enfin, d'entre les avantages qu'il procure, celui de pouvoir tracer un calibre de montre fimple ou à répétition, de manière que tous les mobiles qui le compofent obtiennent le meilleur emplacement, & les proportions les plus exactes, eft affurément bien précieux. Mais comme le plan des montres varie, felon la fantaifie des Artiftes, il convient de faire choix, entre tous ces plans, de celui qui paroît réunir le plus d'avantages.

D'abord, je hafarderai de répondre à une queftion faite en différens tems, & qui fe préfente ici naturellement ; favoir, fi dans cette diverfité de grandeurs dont on fait les montres, îl n'y en a pas une à préférer pour les obtenir meilleures ; ou fi ce choix eft indifférent.

L'expérience m'a appris que plus les montres font petites, comme, par exemple, celles de ½ pouce de diamètre, que l'on met en bague, plus auffi le reffort moteur eft puiffant à proportion ; & plus le régulateur par conféquent peut être grand & pefant ; l'on peut compter alors que l'inertie des roues fe réduit à zéro.

Le régulateur, au contraire, d'une montre dont le calibre fera de deux pouces de diamètre, comparé avec celui des petites montres, manifeftera le peu de force qu'on peut efpérer d'une fort grande piéce ; & l'inertie des roues devient ici un objet de compte.

Si, par ce début, on concluoit que les petites montres font les meilleures, on fe tromperoit ; car la bonne exécution de ces petites machines devient infiniment difficile, pour ne pas dire impoffible. C'eft ici que les échappemens à repos font abfolument néceffaires. L'on eft contraint d'employer les pignons les moins nombrés ; & de diminuer le diamètre des pivots, au-delà de ce que permet la matière qu'on emploie.

Il eft des amateurs pour qui la bonté d'une telle montre n'en fait pas le mérite : & qui eftiment ce bijou à proportion de la difficulté que l'on éprouve à l'exécuter, & de la forme fingulière qu'on aura fu lui donner. Mais fi l'on veut principalement avoir égard à l'utilité, je crois devoir marquer ici qu'un calibre d'un pouce

de diamètre n'eſt pas encore aſſez grand pour
faire une bonne montre ; puiſqu'avec ce diamètre, les pivots deviennent fins au point de
n'avoir pour groſſeur qu'environ une 24ᵉ. de
ligne, ce qui eſt leur dernier terme de diminution. De plus, on ne peut faire uſage que
des pignons de 6 aîles ; & ſi l'échappement eſt
à roue de rencontre, comme le ſont la plupart,
la petiteſſe de cette roue ne permet qu'un petit
nombre de dents ; ainſi l'on perd les avantages
dont M. Romilly fait mention dans l'article
Frottement que nous avons déja cité. « Il faut,
dit-il, » donner à la roue d'échappement le
» plus grand nombre qu'il ſe pourra. 1°. Cette
» roue étant fort grande, on y pourra faire un
» grand nombre de dents, ce qui diminue les
» révolutions. 2°. Cette roue étant bien nom-
» brée, ſes dents tendent à être parallèles entre
» elles ; & par ce moyen l'action des dents ſur
» le rayon du cylindre ou palettes de l'axe du
» balancier, rapproche de la ſimple pulſion ;
» ce qui donne beaucoup de facilité, pour
» faire décrire l'arc de levée. 3°. Le frottement
» des pivots eſt moindre ſur une grande roue
» que ſur une petite. 4°. Le recul dans l'échap-
» pement eſt en raiſon compoſée de la directe
» des arcs que le balancier décrit, & de l'in-
» verſe du nombre des dents de la roue ; de
» même l'arc de repos eſt d'autant plus grand
» que la roue eſt moins nombrée : d'où il ſuit,
» par le concours de ces quatre cauſes, une
» diminution de frottement ſur l'échappement

» foit à repos ou à recul , objet le plus inté-
» reffant de toute l'horlogerie. »

Un calibre de 12 lignes étant donc trop petit
pour l'exécution d'une bonne montre , il convient de faire choix d'un plus grand diamètre ,
comme de 15 à 18 lignes. On peut dans ces
grandeurs employer des pignons de 8 , & même
de 10 aîles ; nombrer la roue d'échappement
depuis 15 jufqu'à 19 dents ; & compter fur
une affez grande quantité de force motrice ,
pour qu'on ne foit pas obligé de diminuer le
diamètre des pivots au-delà de ce qu'exige la
matière.

Dès que toutes les conditions qui conftituent
un bon ouvrage peuvent être obfervées , au
moyen d'une certaine grandeur , il eft inutile
de chercher d'autres mefures ; & l'on doit s'en
tenir à celle-là.

Quant à l'emplacement & aux dimenfions
des mobiles , je donne la préférence au calibre
tracé de manière que le barillet foit de la
hauteur de la cage ; que la petite roue moyenne
paffe fous la roue de fufée , & par-deffus la
roue du centre ; & que tous les petits pignons
foient d'égale groffeur.

Ce choix eft fondé 1°. fur ce que , par
l'expérience , j'ai toujours trouvé plus de force
dans le reffort moteur ; c'eft ce dont il eft aifé
de trouver la caufe.

Un calibre de 16 lignes de diamètre , dont
le pignon du centre fera de 12 aîles , & de
20 ½ douzièmes de ligne de groffeur , ne laif-

fera pour le diamètre d'un barillet fait de la hauteur de la cage que 85 ¾ douzièmes de ligne ; encore faut-il retrancher de ce diamètre la largeur de la chaîne , que j'évalue ¼ de ligne, soit 3 douzièmes. Ainsi, toute réduction faite, le diamètre du barillet restera à 82 ¼ douzièmes.

La hauteur des piliers étant supposée de deux lignes , on pourra estimer la hauteur intérieure du barillet à 19 douzièmes de ligne ; en évaluant l'épaisseur de ses fonds , & ses jours avec les platines , à 5 douzièmes.

Si le barillet passoit par dessus le pignon du centre , il auroit pour diamètre tout le rayon de la platine , moins ce qu'il faut retrancher pour la largeur de sa chaîne , & pour son passage avec la tige de la roue du centre , dont nous pouvons estimer le rayon à $\frac{2}{12}$ de ligne de grandeur. Nous aurons donc en tout 5 douzièmes à retrancher des 96 douzièmes, qui font le rayon de la platine : ainsi le diamètre de ce barillet aura 91 douzièmes de lignes. Quant à sa hauteur intérieure , elle sera moindre que celle du barillet dont nous venons de parler, de l'épaisseur de la roue de fusée , qu'on ne peut estimer au dessous de 5 douzièmes de ligne, y compris ses jours avec la platine & le barillet.

Voyons maintenant quelle sera la longueur des deux ressorts qui doivent occuper le vuide de ces deux barillets : Nous aurons pour le ressort le plus court & le plus haut 18 pouces & ¼ , soit 219 lignes, & 20 pouces pour le plus long & le plus bas , soit 240 lignes.

Nous avons vu ci-deſſus que les reſſorts peuvent être ſenſiblement de même épaiſſeur, & ne différer qu'en hauteur & longueur. Ainſi, en multipliant la longueur de ces deux reſſorts par la hauteur de leurs lames, nous aurons 346 ¼ pour produit de 219 lignes multipliées par 1 ligne & $\frac{7}{11}$; & 280 pour produit de 240 lignes multipliées par une ligne & ⅙. Celui donc qui donne le plus grand produit a le plus d'acier; il a conſéquemment plus de force; & doit être préféré, quand même on compteroit pour rien l'avantage qu'ont les lames larges ſur celles qui ſont étroites, de ſe rouler ſans ſe tordre.

2°. On ne peut faire uſage, pour les répétitions, de calibres où la petite roue moyenne paſſe entre le crochet de fuſée & le pignon de roue de rencontre, ou entre la roue de champ & la roue de fuſée. Cette conſtruction n'eſt même praticable dans les montres ſimples, qu'autant qu'elles ſeront d'une hauteur plus que moyenne. Je n'admets pas mieux la conſtruction qui fait paſſer cette roue ſous celle du centre; parce que ſon engrenage avec le pignon de roue de champ ayant lieu très près du pivot, la juſteſſe de ſon trou eſt bientôt détruite.

L'emplacement de la petite roue moyenne entre la roue de fuſée & celle du centre, a l'avantage de fixer ſon engrenage aſſez au deſſus du pivot de la roue de champ, pour laiſſer à ſon pignon un tigeron paſſablement long; & ſi l'on a ſoin de faire le pont qui reçoit le pivot de la petite roue moyenne auſſi haut que le cadran le permet, la roue fera fuffifamment éloignée de fon pivot ; par ce moyen, l'on obtiendra ce qu'il y a de bon dans les autres conftructions, & l'on n'en aura pas les inconvéniens. D'ailleurs, toutes les montres, hautes ou baffes, fimples ou à répétition, peuvent être faites fur ce plan.

Enfin, la pofition de la petite roue moyenne ainfi fixée, l'on pourra tenir la potence plus haute qu'aux autres calibres, de l'épaiffeur d'une roue plate : ce qui fait un objet affez confidérable fur le diamètre de la roue de rencontre ; puifque, par ce moyen, on peut en augmenter le nombre des dents, ou au moins exécuter l'échappement avec plus de facilité.

3°. Nous avons déja fait voir dans la 1re. partie de ce Mémoire, quel eft l'avantage d'avoir tous les petits pignons de même groffeur ; outre que l'exécution en eft plus aifée, ils plaifent à l'œil, ainfi que les dentures, par leur uniformité. Mais il faut obferver que, felon cette difpofition, les roues doivent être différemment nombrées ; c'eft-à-dire, que la roue du centre, au diamètre de laquelle on n'a pas affez d'égard, rélativement aux petites roues qui la fuivent, doit être chargée d'un plus grand nombre de dents ; tellement que fi les trois roues qui précèdent une roue d'échappement de 13 dents, ont enfemble 159 dents, on en donnera 64 à la roue du centre, 50 à la petite roue moyenne, & 45 à la roue de champ : ce qui produira 17333 vibrations au balancier.

On

On remarquera à l'égard d'un calibre de rouage à répétition, qu'il ne faut pas faire les dernières roues trop petites ; car, par-là, on s'éloigneroit du but qu'on se propose, de modérer sa course avec un nombre de dents donné.

Pour rendre cette vérité sensible à ceux qui n'en ont pas fait l'expérience, je propose, dans un petit rouage, 78 dents à distribuer sur les trois dernières roues, engrenant dans des pignons de 6. Selon la pratique de plusieurs, on donneroit 32 dents à la première, 25 à la seconde, & 21 à la dernière. Au lieu que, si on fait ces trois roues d'égale grandeur, & de 26 dents chacune, il résultera de la multiplication des révolutions des pignons autour de leurs roues deux produits différents ; & l'on trouvera, selon cette dernière méthode, environ $3\frac{1}{2}$ tours de plus au dernier pignon pour une révolution de la 1e. de ces trois roues. Or comme les deux roues qui précédent celles-ci ont pour l'ordinaire, l'une 42 dents, & l'autre 34 ; (7) le pignon engrené par la seconde de ces roues fera $39\frac{2}{3}$ tours pour un tour de la première ; & ce nombre multiplié par $3\frac{1}{2}$ exprimera la somme des tours que fera de plus le dernier pignon, au moyen de cette égale distribution des nombres ; ce qui donnera environ 139 tours.

Voyons maintenant quel usage nous pouvons faire du compas de proportion pour tracer

____

(7) L'on peut donner aussi à cette roue le nombre 36, comme nous l'avons fait dans la Table qui termine ce Mémoire.

E

un calibre tel que nous venons de l'expofer. Il fuffit d'en tracer quelques - uns avec cet inftrument, pour être au fait de la manière dont on peut l'appliquer à telle conftruction de calibre qu'il plaira d'imaginer, non-feulement de montres, mais auffi de cadraĉtures, &c.

Calibre de Montre fimple.

PLACEZ les coulans fur le chiffre 88 de la colonne des pignons de huit; ou fur 110 de - celle des pignons de 10; ou fur 132 de celle des pignons de douze; & là, prenant le diamètre du calibre que vous aurez à tracer, la règle au bout des branches & le calibre à pignon vous donneront la groffeur du pignon du centre, felon que vous le voudrez de 8, de 10 ou de 12 aîles, en fuppofant cinq révolutions autour de la roue qui doit le conduire.

Mais fi on veut que le pignon ne faffe que 4 ou 4 ½ révolutions; en ce cas, pour chaque demi-révolution, defcendez les coulans d'autant de points qu'il y a d'aîles au pignon; & vous aurez également en mefurant le diamètre du calibre entre les coulans, la groffeur du pignon du centre, indiquée par la règle de l'inftru-ment & par fon calibre à pignon. Si, par exem-ple, on vouloit un pignon de 12 aîles au centre, conduit par une roue de 48 dents; & qui ne fît, par conféquent, que 4 tours pour un de la roue; il faudroit, pour en obtenir la groffeur, que le diamètre du calibre fût mefuré entre les coulans placés fur le chiffre 108 , au lieu de 132 , & ainfi des autres.

La groffeur du pignon du centre étant tracée fur le calibre , l'efpace que doit occuper le barillet eft déterminé ; en le faifant de la hauteur de la cage , il aura fon centre entre le pignon fufdit & le bord du calibre , l'efpace pour le paffage de la chaîne étant réfervé.

Enfuite , fuppofant que le pignon en queftion eft de 10 aîles , & de 5 révolutions , placez les coulans fur 57 ½ de la colonne des pignons de 10 ; & ouvrez le compas , en enfonçant une pyramide entre les coulans , jufqu'à ce que l'index de la règle foit parvenu à la mefure qui indique la groffeur du pignon ; puis , regardant fur la pyramide combien il y a de lignes , & de douzièmes de ligne indiquées ; & prenant avec un compas la moitié de la quantité trouvée , vous la marquerez par un trait fur le calibre , pour que le centre de la roue de fufée s'y rencontre , & que l'engrenage avec fon pignon fe trouve fait. Après quoi , vous defcendrez les coulans fur le chiffre 50 de la colonne des pignons de 10 ; & enfonçant de même une pyramide entre les coulans , jufqu'à ce que la groffeur du pignon foit indiquée par la règle , vous aurez alors le diamètre de la roue de fufée ; vous le prendrez avec un compas fur l'échelle ; & le tracerez fur le calibre , de manière qu'il atteigne le diamètre du barillet. Par ce moyen , cette roue fera fi bien fituée , qu'étant d'engre-

nage avec fon pignon , fa circonférence s'éten-
dra jufqu'au bord du calibre.

La roue de fufée & le barillet étant pofés ,
prenez le diamètre de celui-ci entre les coulans
placés fur le chiffre 6, où le mot *barillet* eft
écrit ; puis , defcendez les coulans fur le chiffre
5 , & enfuite fur le chiffre 3 ; vous aurez au
premier de ces deux chiffres le diamètre de la
bafe de la fufée ; & au fecond, celui du fom-
met, que vous tracerez fur la roue.

Comme l'arbre de fufée eft, dans les montres de moyenne grandeur , à-peu-près auffi
gros que l'axe du pignon du centre , mefuré où
l'engrenage fe termine ; il fuit de cette obfervation , que le diamètre de la roue du centre
ne doit pas excéder celui de la roue de fufée.
On le tracera donc égal à celui-ci : cependant , lorfque l'axe du pignon du centre excé-
dera la groffeur d'une ligne , on pourra joindre
cet excédent au diamètre de fa roue.

Ces trois mobiles ainfi fixés , il s'agit d'affi-
gner la place aux petites roues , & de trouver
la groffeur de leurs pignons. Pour cet effet , &
en fuppofant qu'on veuille donner 13 dents à la
roue d'échappement , & 17333 vibrations au
balancier , les petits pignons étant de 6 aîles ;
on placera les coulans fur le nombre 64 de la
colonne des pignons de 6 , lequel indique le
nombre de dents qu'on doit donner à la roue
du centre ; & là , mefurant le diamètre de cette
roue , la groffeur des petits pignons fera indi-

quée par la règle , & donnée par le calibre à pignon.

Ensuite on cherchera la distance qui doit se trouver entre le pignon de la petite roue moyenne & la circonférence de la roue du centre ; ce qu'on obtiendra, en montant les coulans sur $67\frac{1}{2}$; & en y enfonçant la pyramide, jusqu'à ce que l'index de la règle soit à la mesure déja connue des petits pignons. Après quoi, l'on procédera pour l'emplacement de cette roue, comme on a fait pour marquer le centre de la roue de fusée ; c'est-à-dire, que l'on prendra sur l'échelle avec le compas la distance entre les coulans, qui est indiquée par la pyramide ; puis, l'on marquera par un point la place du pignon à égale distance de la roue de fusée & de celle du centre.

Pour continuer ensuite l'opération, l'on prendra le diamètre de la petite roue moyenne, en ouvrant de nouveau le compas de proportion à la grosseur des petits pignons, après avoir placé les coulans sur le chiffre 50 de la colonne des pignons de 6 ; l'intervalle des deux coulans donnera le diamètre de cette roue, que l'on tracera sur le calibre.

Enfin, pour indiquer où doit se trouver l'axe du pignon de roue de champ, on procédera comme il a été dit à l'égard de la petite roue moyenne & de la roue du centre ; puis, le calibre de l'instrument étant ouvert à la grosseur des petits pignons, on descendra les coulans sur le chiffre 45 ; la pyramide placée entre ces coulans donnera le diamètre de la roue de champ, que l'on tracera fur le calibre, de manière que la circonférence de cette roue en atteigne le bord.

Mais il ne fuffit pas, pour tracer un calibre, de régler ce qui concerne les pignons & les roues; il faut encore pourvoir au régulateur, foit balancier, dont le diamètre dépend de la puiffance motrice qu'on peut efpérer d'une grandeur de calibre, & d'une hauteur de piliers données.

Pour déterminer la hauteur des piliers par le compas de proportion; on placera les coulans fur les chiffres de la colonne des pignons de 12, qui font indiqués dans la Table ci-après, pour chaque grandeur de calibre; & le diamètre de la platine étant exactement pris entre les coulans, l'on aura par le calibre à pignons la hauteur cherchée.

TABLE.

Calibres ou Platines.	Chiffres de la colonne des pignons de 12, où devront être placés les coulans.
lig. 12 —	Placez les coulans sur le chiffre 140
—— 1/4	137
—— 1/2	134
—— 3/4	131
13 —	128
—— 1/4	125
—— 1/2	122
—— 3/4	120
14 —	118
—— 1/4	116
—— 1/2	114
—— 3/4	112
15 —	110
—— 1/4	108
—— 1/2	106
—— 3/4	105
16 —	104
—— 1/4	103
—— 1/2	102
—— 3/4	101
17 —	100
—— 1/4	99
—— 1/2	98
—— 3/4	97
18 —	96

Telles font les hauteurs que je donne à mes piliers, felon le différent diamètre des calibres que j'ai occafion de tracer.

Lorſque le pignon du centre eſt donné , on ſait auſſi quel doit être exactement le diamètre du barillet; & par là même , la longueur du reſſort qu'il doit contenir; comme nous l'avons expliqué au N°. 11. Or, on peut, ſans erreur ſenſible , partir de ce point : qu'un reſſort de 14 pouces , convenable au barillet d'un calibre de 12 lignes de diamètre, aura 7 deniers de force ſur une fuſée de 6 tours , ſelon l'eſtimation faite par le levier gradué de M. Berthoud , appliqué au quarré de ce mobile. Et lorſque la grandeur du barillet ſera telle que l'inſtrument indique un $\frac{1}{2}$ pouce à donner de plus au reſſort , on trouvera la force motrice augmentée d'un de- nier ; & toujours d'autant juſqu'à la meſure de 20 pouces. Cette meſure, dans un barillet de 7 lignes $\frac{2}{3}$ de diamètre extérieur , devra donner 19 deniers, par le même levier appliqué ſur la fuſée , que je ſuppoſe de juſte grandeur.

Quand les reſſorts ne donnent pas ces réſul- tats , mais qu'ils ſont plus foibles , il faut les refaire ; puiſqu'il eſt poſſible à la rigueur de les obtenir à un degré de force encore plus grand.

Or en partant du balancier de la montre de comparaiſon donnée par M. Berthoud, dont le diamètre eſt de 10 lignes , le poids de 7 grains, l'arc de levée de 40 degrés , les vibrations au nombre de 17333 , qui eſt mis en mouvement par une force motrice de 18 deniers , la fuſée développant un tour de chaîne en 5 heures ; en partant, dis-je, d'un tel balancier, on peut ſavoir quel doit être le balancier de telle autre montre femblablement conftruite , mais dont le calibre feroit plus petit. Pour cet effet , & pour la commodité de ceux qui ne feroient pas exercés dans le calcul , j'ai marqué la quantité dont il faut diminuer , pour chaque denier , le diamètre du balancier de la montre de comparaifon , comme ci-après :

Force motrice.	*Diamètre du balancier.*
18 deniers . .	120 douzièmes de li-gne , foit 10 lig.
17	$117\frac{1}{4}$
16	$114\frac{1}{2}$
15	$111\frac{3}{4}$
14	109 -
13	$106\frac{1}{4}$
12	$103\frac{1}{2}$
11	$100\frac{3}{4}$
10	98 -
9	$95\frac{1}{4}$
8	$92\frac{1}{2}$
7	$89\frac{3}{4}$

On obfervera que fi on élève , ou qu'on abaiffe les piliers au-delà des mefures prefcrites , il faudra pour une douzième de ligne de changement, augmenter ou diminuer le diamètre du balancier d'une huitième de ligne , & même d'une fixième.

La grandeur du balancier étant ainfi déterminée par la connoiffance de la hauteur des piliers , de la longueur du reffort & de fa force ; fi vous voulez en trouver le centre , pofez une règle fur le calibre, de manière qu'en joignant la circonférence de la roue de champ, elle partage le trou du centre ; & menant un trait le long de cette règle, marquez-y un point à telle diftance du pignon du centre, que le talon de potence en foit ifolé ; ce fera là que le balancier doit être planté.

Au revers du calibre, on tracera les roues de minutes & de cadran. Mais il faut obferver, qu'ici, les roues font menées par les pignons ; & que, rélativement à cette fonction, les pignons doivent être plus gros que lorfqu'ils font menés par les roues ; fi donc, nous donnons, felon l'ufage, 10 aîles au pignon de chauffée, 8 à celui de la roue de minutes, 30 dents à cette roue, & 32 à celle de cadran ; au lieu de placer les coulans fur les chiffres qui repréfentent le nombre des dents des roues, pour obtenir leur grandeur, on les baiffera de deux points, en les plaçant fur 28 & fur 30.

Les coulans étant donc fur le chiffre 28 de la colonne des pignons de 10, on ouvrira le compas jufqu'à ce que l'index de la règle foit à la groffeur qu'on fe propofe de donner au pignon de chauffée, ce qui eft affez arbitraire ; alors on paffera une pyramide entre les coulans, pour favoir quel doit être le diamètre de la roue de minutes. Cela fait, & fans changer l'ouverture du compas, on montera les coulans de deux points, fur le chiffre 30 de la même colonne des pignons de 10 ; & le diamètre contenu entre les coulans fera celui de la roue de cadran, que l'on prendra, comme celui de la roue de minutes, par une pyramide.

Veut-on avoir le diamètre du pignon de 8, par lequel cette roue doit être menée ? On la mesurera entre les coulans placés sur le chiffre 30 de la colonne de ces pignons-là ; & le calibre à pignon donnera la grosseur cherchée.

Comme il n'y a que deux centres pour ces quatre mobiles, leurs engrenages doivent se trouver faits l'un par l'autre. Il suffira donc, pour cela, de fixer la distance à laquelle la roue de minutes doit être du centre ; ainsi, l'on montera les coulans de 7 ½ points au-dessus du nombre 28, où cette roue a été mesurée ; puis, on ouvrira le compas jusqu'à ce que l'index de la règle marque la grosseur du pignon de chaussée ; la moitié de la distance qui se trouvera entre les coulans, prise avec la pyramide, sera l'intervalle des deux centres de ces mobiles ; on la prendra par un compas sur l'échelle, pour l'indiquer sur le calibre ; & si l'on y trace aussi la grandeur des roues & des pignons, l'on aura tout ce qui concerne les minuteries. (8)

____

(8) Comme les ouvriers n'ont point de règle pour la hauteur des pièces qui doivent être placées immédiatement sous le Cadran, savoir, les Ponts, les Chevilles, les roues d'heure, de quantième, &c. voici par quel moyen ils peuvent être dirigés à cet égard, & être assurés qu'ils profiteront de toute la place que donne la concavité du Cadran : Prenez avec le compas un rayon de cercle qui ait 2 pouces & demi ; coupez une carte dans sa longueur, par un arc que vous tracerez avec ce Compas ; les deux parties de cette carte serviront de mesure pour le

Afin d'être affuré que le faifeur de mouvement ne changera pas la groffeur des pignons,
il fera bon de faire des trous au calibre, dans
lefquels les pignons devront entrer fans jeu ni
gène ; de même que des trous pour les pivots
d'arbre de fufée, de barillet & autres. Si, de
plus, l'on faifoit des entailles fur le bord du calibre pour indiquer la hauteur des piliers, & le
diamètre des roues & du balancier ; ce ne feroit
que mieux. Par cette précaution, la plus petite
irrégularité ne pourroit échapper à la connoiffance du finiffeur.

Calibre pour les rouages de Répétition à roue de rencontre.

En fuppofant qu'on a procédé à l'égard des
mobiles, qui entrent dans la conftruction des
montres fimples, de la manière prefcrite ci-

---

degré de concavité & de convexité du cadran, qui conviendra à une platine de 12 lignes de diamètre.

Ainfi un rayon de 2 pouces & demi fera pour un
calibre de . . . . 12 lignes.

$2 \frac{5}{8}$	. . . . . .	13
$2 \frac{3}{4}$	. . . . . .	14
$2 \frac{7}{8}$	. . . . . .	15
$3 -$	. . . . . .	16
$3 \frac{1}{8}$	. . . . . .	17
$3 \frac{1}{4}$	. . . . . .	18

On remettra les deux portions de cette carte à l'E-
mailleur. La partie convexe réglera la concavité du
cadran ; & la partie concave fervira à donner à la cou-
che d'émail une courbure égale & gracieufe.

deſſus, le calibre d'un rouage de répétition ſera à moitié fait ; il ne s'agira que de loger les roues du petit rouage, & de fixer le centre du balancier : Or voici comment on y parviendra.

Meſurez le diamètre du calibre entre les coulans placés ſur le chiffre 11 ; puis, deſcendez-les ſur le chiffre 3 ¾ ; cette meſure, marquée ſur le calibre, ſera la diſtance où doit être du centre la tige de la première roue du petit rouage. Prenez enſuite avec le compas ordinaire le demi-rayon du calibre ; & depuis le trou du pivot de la roue de champ, croiſez le trait donné dès le centre du calibre ; le point où ces deux traits ſe rencontreront ſera le centre de la première roue, dont vous trouverez le diamètre par le compas de proportion, en plaçant les coulans ſur le chiffre 42 de la colonne des pignons de 6, après avoir pris avec le calibre de l'inſtrument le diamètre que vous voulez donner à vos pignons, qui feront tous de même groſſeur.

Au rayon de cette première roue, ajoutez la quantité qui doit la ſéparer du centre du pignon auquel elle engrène, comme nous l'avons expliqué au N°. 8, & vous aurez le centre de la ſeconde roue. La ſeule obſervation à faire en marquant ce point, c'eſt de s'éloigner de la roue du centre de tout le rayon du pignon de la ſeconde roue. Puis, vous tracerez cette roue, après en avoir pris la grandeur, au moyen des coulans placés ſur le chiffre 36 de la colonne des pignons de 6.

Vous prendrez enſuite le diamètre des trois

dernières roues entre les coulans placés fur le chiffre 26 de la même colonne ; & vous indiquerez par un point tout près de la feconde roue, le centre de la 4ᵉ., en l'éloignant affez du barillet pour qu'elle puiffe tourner fans y toucher.

Cela fait, vous marquerez par un trait de compas, en fuivant toujours la même méthode, à quelle diftance doit être de la feconde roue l'axe du pignon de la 3ᵉ.; vous en ferez autant depuis le centre de la 4ᵉ., pour décider l'intervalle qui doit fe trouver entre fon pignon & la 3ᵉ. roue ; alors, vous aurez pour centre de cette 3ᵉ. roue le point où les deux arcs fe couperont.

Pour avoir l'emplacement de la 5ᵉ. roue, donnez avec la même ouverture de compas depuis le centre de la 4ᵉ. roue un trait entre la 3ᵉ. roue & le barillet ; & pofez cette 5ᵉ. roue fur ce trait, tellement que, d'une part, elle foit affez éloignée du barillet pour que la chaîne ne puiffe y toucher ; & que, de l'autre, elle ne déborde pas la petite platine. Enfin, l'on marquera le centre du pignon de délai, à la diftance convenable & de la 5ᵉ. roue & du barillet.

Quant à la pofition du balancier ; fi vous mefurez le calibre entre les coulans placés fur le chiffre 52 de la colonne des pignons de 6, le calibre à pignon vous donnera la diftance à laquelle le pivot du balancier doit être du centre ; & vous le marquerez par un point placé entre les circonférences de la petite roue moyenne, & de la feconde roue du petit rouage.

Enfin, pour placer les piliers, le rayon du pignon du centre mefurera la diſtance où ils devront être du bord du calibre; en obſervant que les deux piliers, entre leſquels ſe trouve la roue de fuſée, en ſoient peu éloignés; d'un côté, parce que la petite roue moyenne & la longueur du grand marteau l'exigent ainſi; & de l'autre, parce que l'entrée du pouſſoir dans la grande platine eſt aſſez près de la fuſée. Le 3e. pilier ſitué vers le barillet, doit-être entre ce mobile & le pignon de délai. Le 4e. aura ſa place auſſi près qu'il ſe pourra de la 3e. roue du petit rouage.

On pourra ſuivre de point en point l'inſtruction ci-deſſus pour des rouages où la roue d'échappement aura 13 dents; mais ſi elle en a 15 ou 17, &c. les révolutions des pignons diminueront à raiſon de ce qu'il y aura moins de dents aux roues qui les mènent; les pignons deviendront plus gros; les centres des mobiles s'éloigneront; & dès lors, la place manqueroit pour loger toutes les roues, ſi l'on vouloit que leurs pignons fuſſent tous de même diamètre. En ce cas, il faut, au moyen du compas de proportion, tirer deux groſſeurs de pignons; l'une, comme ſi la roue d'échappement ne devoit avoir que 13 dents; l'autre, pour une roue d'échappement de 15 ou 17 dents, ſelon le nombre qu'on lui donnera. La première de ces groſſeurs, ſera celle de tous les pignons du petit rouage; la ſeconde, celle de tous les pignons du grand rouage. Moyennant cette précaution , il n'y a rien à changer à la méthode indiquée.

Calibre pour les rouages de Répétition à cylindre.

On procédera pour avoir le pignon du centre, le barillet, la base & le sommet de la fusée, avec sa roue, comme il a déja été dit ; cela fait, mesurez le diamètre du calibre que vous aurez à tracer, entre les coulans placés sur le chiffre 10 ; puis, sans déranger l'ouverture du compas , descendez les coulans sur le chiffre 4 ; & leur distance vous donnera le juste diamètre de la roue du centre. Mesurez ensuite le diamètre de cette roue , entre les coulans placés sur la colonne qui marque le nombre d'aîles que doivent avoir vos petits pignons , & sur les chiffres de cette colonne qui expriment le nombre de dents que vous voulez donner à la roue ; vous aurez par ce moyen la grosseur des petits pignons.

Il est à remarquer que , dans les calibres à roue de rencontre , on n'est pas obligé de réserver une place pour ce dernier mobile , au lieu qu'il en faut une pour la roue de cylindre. Quoique la roue du centre soit plus petite dans les calibres à cylindre , on est obligé de la nombrer autant , & quelquefois plus , que celle d'un calibre à roue de rencontre ; autrement , les pignons seroient d'une grosseur telle , que selon le nombre de leurs révolutions , les diamètres

de

de leurs roues correfpondantes s'étendroient beaucoup, & occuperoient une place trop confidérable. Cette obfervation m'engage, par rapport au calibre dont il s'agit, en fuppofant 13 dents à la roue d'échappement, & 16810 vibrations au balancier, à charger de 66 dents la roue du centre, & de 46 chacune des deux fuivantes, lefquelles engréneront dans des pignons de 6.

La roue du centre étant tracée ; & connoiffant par fon diamètre & le nombre de fes dents, quelle fera la groffeur des petits pignons ; on fera fon engrenage avec le pignon de la petite roue moyenne, felon la règle prefcrite. On fixera le centre de cette roue, à telle diftance de la roue de fufée, qu'il y ait ; de ligne d'efpace entre les circonférences de ces deux roues. Enfuite, on fera, de même, l'engrenage de la petite roue moyenne avec le pignon de la roue fuivante, dont on indiquera la diftance par un trait de compas. Puis, on marquera la place de la roue de cylindre, par un point également éloigné des circonférences de la roue du centre, & de la petite roue moyenne. Enfin, dès ce point, avec une ouverture de compas, qui mefure la diftance où l'axe du pignon de la roue de cylindre doit être de l'axe de fa roue correfpondante, vous croiferez le trait donné depuis le centre de la petite roue moyenne ; & le point de concours de ces deux arcs, fera la place où doit être fixée la roue qui précède celle d'échappement.

F

Les six premiers mobiles étant ainsi rangés, il reste à trouver l'emplacement des roues du petit rouage ; & comme il dépend de celui de la première roue , il s'agit de le rencontrer exactement. Pour cet effet, placez les coulans sur le chiffre 9 ¾ ; & après avoir ouvert le compas de manière qu'ils mesurent le diamètre du calibre , descendez les coulans, sans changer l'ouverture de l'instrument , sur le chiffre 3 ½ ; marquez cette distance sur le calibre , par un arc de cercle , tracé depuis le centre , sur la place où vous jugez que doit être la première roue du petit rouage. Puis , en gardant toujours la même ouverture du compas de proportion , descendez les coulans sur le chiffre 2 ⅝ ; prenez avec la pyramide la distance que vous trouverez entre ces coulans ; & depuis l'emplacement de la roue qui précède celle de cylindre , marquez cette distance par un trait de compas, qui coupe l'arc tracé dès le centre du calibre. La croisée de ces deux traits sera le centre de la première roue, dont vous figurerez la grandeur, comme le compas de proportion vous l'indiquera.

On procèdera pour la position des roues suivantes, comme nous l'avons fait à l'égard du calibre à roue de rencontre.

Quant au balancier ; on sait que son axe doit répondre à la circonférence même de la roue de cylindre, & aussi près du centre du calibre qu'il est possible.

Pour faciliter l'exécution des calibres, en ce qui concerne les nombres à donner aux mobiles, on trouvera dans la Table ci-après, ceux dont on peut faire ufage à l'égard des trois roues qui précèdent celle d'échappement, felon que cette roue aura 11, 13, 15, 17 ou 19 dents, avec la quantité de vibrations que lefdits nombres feront battre au balancier. On pourra auffi très-aifément augmenter ou diminuer la fomme des vibrations marquées, en ayant égard aux nombres réfultans, fur la Table, de l'addition ou du retranchement d'une dent à chacune des trois dites roues; tellement que cette Table peut fervir pour tous les cas. Je n'ai pas cru devoir indiquer les nombres qui conviendroient pour une roue d'échappement de 9 dents, eftimant que ces roues valent encore moins que les pignons de 5 & de 6 aîles.

RAPPORT

De Messieurs AUBAN, CLAVEL, MASSOT, MELLY, PAUL.REY-BAZ & TERROUX, Commissaires nommés par le Comité des Arts, pour examiner un Mémoire de Monsieur PREUD'HOMME, Membre dudit Comité, sur l'engrenage des roues & des pignons en horlogerie, & les instrumens qui l'accompagnent.

CE Mémoire, après avoir été lu par tous les susdits Commissaires séparément, a été relu & examiné de nouveau, avec le plus grand détail, dans plusieurs conférences qu'ils ont eues ensemble à ce sujet ; afin que leurs soins répondissent, en quelque sorte, à l'importance de l'ouvrage, & au travail de son Auteur.

Tous les Savans qui ont écrit sur cette partie de la Méchanique, tous les Horlogers qui réfléchissent sur leur art, & sont jaloux de sa perfection, conviennent que la matière des engrenages est un des objets les plus dignes d'attention, & les plus difficiles dont on puisse s'occuper en horlogerie.

Ce n'eſt que par l'interpoſition de pluſieurs mobiles que le grand reſſort fait paſſer ſon action au régulateur ; & cette action doit s'y tranſmettre avec le moins de perte qu'il eſt poſſible ; afin que le balancier puiſſe être tenu plus grand, plus peſant, & plus propre, par conféquent, à conſerver par ſon inertie la régularité de ſes mouvemens. C'eſt preſque là tout le ſecret de l'horlogerie ; & ce ſecret n'eſt que la perfection même des engrenages.

Ces mobiles, interpoſés entre le reſſort & le balancier, ne peuvent pas être tous ſemblables ; ils diffèrent néceſſairement entr'eux, & par leur grandeur, & par le nombre de dents dont ils ſont pourvus. De-là naît la complication des règles ſur cette matière.

L'on voit au premier coup-d'œil, que plus un pignon fait de révolutions autour de la roue qui le mène, plus auſſi cette roue doit être grande ; & que l'engrenage doit être d'autant moins profond que le pignon a plus de dents, & que la roue qui le pénètre a plus de grandeur. Mais, en examinant la queſtion de près, on voit que ces quantités n'ont rien d'arbitraire ; & que le moindre écart ſenſible, en plus ou en moins, trouble dans ces mobiles l'uniformité de leur marche ; conſume inutilement, au préjudice du régulateur, une partie de la puiſſance ; & ſe fait appercevoir dans les vibrations du balancier, où aboutiſſent & ſe raſſemblent les diverſes inégalités du mouvement.

Il s'agit donc de trouver quelque règle fixe

& commode en même tems, au moyen de laquelle on puiſſe déterminer avec une préciſion ſuffiſante, le diamètre des roues, pour un nombre quelconque de révolutions de leurs pignons autour d'elles ; & la profondeur de l'engrenage, pour tout nombre dans le pignon, & pour toute grandeur dans la roue qui le mène.

Il exiſte déja quelques règles connues des Artiſtes, pour déterminer ces divers rapports ; mais, outre qu'elles n'ont pas toutes le degré de juſteſſe néceſſaire, leur uſage exige une attention & des ſoins dont tous les ouvriers ne ſont pas capables ; ces règles ſe ſont même altérées entre leurs mains ; & pluſieurs d'entr'eux ſe permettent aujourd'hui ſur ce point délicat des meſures arbitraires, qui ne ſe rencontrent que par hazard avec les principes, & qui rendent les diverſes parties de leurs ouvrages peu d'accord entr'elles.

On ne peut donc que ſavoir beaucoup de gré à M. Preud'homme d'avoir tourné ſes vues de ce côté-là ; & d'avoir ſubſtitué, pour le bien de l'art, & la commodité des Artiſtes, une méthode plus ſûre à celle qui leur ſert de guide.

Que l'on ne conſidère pas ſon Mémoire comme l'ouvrage d'un Géomètre, qui enviſage d'une manière abſtraite & générale la queſtion dont il s'occupe, qui tient compte des plus petits élémens, qui n'avance aucune propoſition qu'elle ne ſoit appuyée ſur une démonſtration rigoureuſe, & qui forme ainſi des théories, plus faites ſouvent pour plaire à l'eſprit, que pour être d'une utilité véritable aux arts. C'est l'ouvrage d'un Praticien , qui , plein de zèle pour les progrès de sa profession, de constance pour vaincre les difficultés qui se présentent, & de sagacité dans l'invention des moyens propres à ce but , fait l'histoire de ses propres expériences , & ne décide rien que sur la foi de ses yeux , & sur la garantie des excellens ouvrages qu'il construit selon ses méthodes : de sorte qu'on peut comparer la plûpart des règles qu'il donne , à une ligne menée par des points assez éloignés les uns des autres , mais dont on auroit vérifié la position particulière.

L'on ne cherchera donc pas dans ce Mémoire des principes rigoureux pour de grands rouages, où l'on peut tenir compte de quantités qui disparoissent quand il est question des petites pièces de l'horlogerie. Les mesures qu'on y trouvera quant aux engrenages, pour cette application particulière de la Méchanique, ne doivent être envisagées que comme des approximations plus ou moins grandes.

C'est vainement, en effet, que l'on prétendroit à une précision parfaite dans les ouvrages de l'art, où il s'agit de l'œil & de la main ; trop d'accidentel s'y mêle, malgré tous nos soins ; & nos organes, quelque déliés qu'on les suppose, sont trop grossiers, pour ne pas absorber dans leurs écarts ces petites quantités, dans lesquelles on feroit consister la perfection de la règle.

Aussi M. Preud'homme, en Artiste expérimenté , ne s'eft point laiffé décourager par l'extrême difficulté de fixer , dans l'ouvrage qu'il a entrepris , des quantités de cette nature. D'ailleurs , il n'a donné cet ouvrage que comme un effai ; & quand même il feroit poffible d'amener la pratique à une jufteffe plus grande encore que celle qui réfulte de fes procédés , on ne laifferoit pas de lui être redevable d'avoir perfectionné cette pratique , d'avoir excité l'efprit des Artiftes à réfléchir fur une matière auffi importante , & de leur avoir fourni les moyens de jetter un nouveau jour , s'il eft poffible , fur ce point délicat de la Méchanique des montres.

Pour traiter , dans fes points effentiels , tout ce qui concerne les engrenages , M. Preud'homme confidère féparément la forme du pignon ; le rapport de grandeur qui doit fe trouver entre ce pignon & la roue qui le mène , felon le nombre de révolutions qu'il fait autour d'elle ; la pénétration de l'engrenage pour tous les cas ; & le moyen méchanique de donner à chaque denture la courbe d'où peut réfulter la menée avec uniformité.

Après avoir déterminé , dans les pignons , l'épaiffeur qu'il convient de donner aux aîles , à raifon de leur nombre ; & avoir diftingué foigneufement la partie effentielle & fixe du pignon , appellée *rayon primitif*, fur laquelle agit la roue depuis la ligne des centres , de la partie indéterminée & arrondie qui termine fon *rayon total* , & fur laquelle la roue n'agit qu'avant cette ligne ; l'Auteur examine les effets qui réfultent d'un pignon trop gros ou trop petit dans fon rayon primitif, rélativement à la roue qui le mène. Il prouve que ce vice dans la groffeur du pignon ne fauroit être réparé par une pénétration plus ou moins grande dans l'engrenage; & par le moyen de deux demi-cercles gradués, dont les centres, qui peuvent s'approcher, font occupés l'un par le pignon, l'autre par la roue, & tous deux munis d'une éguille, il conclut que le pignon n'aura fa jufte groffeur, que lorfque ces deux mobiles parcourront enfemble un nombre de degrés, qui fera en raifon inverfe du nombre de dents dont ils font pourvus.

Paffant, enfuite, à la quantité dont les roues & les pignons de tout nombre doivent fe pénétrer, pour former un bon engrenage; il confidère d'abord cette queftion, rélativement à des roues qui auroient leurs dents parallèles fur un même plan, comme font les roues de champ; & dans ce cas, il proportionne uniquement la profondeur de l'engrenage au nombre des aîles du pignon, lequel nombre détermine combien l'engrenage doit lui faire parcourir de degrés pour chacune de fes aîles.

Mais, comme il n'en eft pas ainfi de la plupart des roues, & qu'elles ont leurs dents dirigées au centre fur une courbe circulaire; cette confidération néceffite quelques modifications à la règle précédente, & renforce les engrenages d'une quantité qui croît à mefure que le diamètre des roues diminue.

L'Auteur s'eft convaincu par l'expérience,
que, dans un pignon de fix aîles, la pénétration
de l'engrenage formé avec la plus petite roue
qu'on puiffe lui approprier, doit être fenfible-
ment des deux tiers de l'aîle, pour que l'arc de
menée ait le nombre de degrés requis ; & que
le diamètre de cette roue, la plus petite poffible, doit excèder d'une fixième partie celui du
pignon auquel elle engrène. Or, comme l'engrenage n'eft que de la moitié de l'aîle, quand
la roue eft affez grande pour que fon arc de menée puiffe fe confondre, fans erreur fenfible,
avec la tangente de cet arc ; ces deux cas extrê-
mes forment entr'eux une 6ᵉ. d'aîle de différence, c'eft-à-dire, une 12ᵉ. de ligne, pour un
pignon d'une ligne de diamètre ; & voilà fur
quelle petite quantité roulent toutes les diffé-
rences dans la pénétration de ces engrenages,
depuis la plus petite roue jufqu'à la plus grande.

Cette 6ᵉ. partie de l'aîle, dans les pignons
de fix, forme ici une quantité conftante, que
M. Preud'homme ajoute au diamètre de toutes les roues, après avoir déterminé ce diamètre fur le nombre de révolutions de leurs pignons
autour d'elles. Cette règle étant pofée ; il détermine réciproquement la groffeur du pignon,
pour un certain nombre de révolutions autour
d'une roue de grandeur donnée.

La jufteffe, foit dans le rapport des diamètres entre les roues & les pignons, foit dans la
profondeur de l'engrenage, forme une condition néceffaire pour l'uniformité de la menée ;

mais ce n'eſt-là encore qu'une condition pré-
paratoire. Il faut, de plus, que la face de la
dent qui mène ſoit tellement ſituée rélativement
à la face de l'aîle menée , que le même rapport
entre les leviers de ces deux mobiles ſe conſerve
pendant tout le cours de l'engrenage : ce qui
s'exécute, quant aux roues plates , en faiſant
en ſorte que la face de l'aîle du pignon ſoit une
ligne droite tendante au centre , & la face de
la dent qui s'y applique une partie de la courbe ,
connue en Méchanique ſous le nom d'*Epicycloïde* ; courbe qui eſt formée , dans ce cas , par
un point quelconque de la circonférence d'un
cercle égal dans ſon diamètre au rayon du pignon , & qui rouleroit ſur la circonférence de
la roue. Quant aux mobiles qui ont leurs dents
parallèles , comme la roue de champ , c'eſt la
ſimple *Cycloïde* qui réſout le problême d'uniformité dans la menée.

M. Preud'homme , ſentant bien l'impoſſibilité
de tracer géométriquement cette courbe ſur les
petites dentures des montres, a imaginé un
moyen méchanique d'en approcher. Il conſidère , pour cet effet , qu'il ne ſuffit pas , par
exemple , qu'une roue de 60 dents qui engrène
dans un pignon de 6 aîles , ait parcouru exactement 6 degrés , quand elle en a fait parcourir
60 au pignon ; mais qu'il faut que le même rapport d'un à dix exiſte dans tous les points de
cette menée ; & c'eſt-là ce que l'auteur effectue ,
au moyen de l'inſtrument gradué dont nous
avons parlé , en limant la courbe de manière

qu'elle remplisse à l'œil cette condition. Une feule dent ainsi figurée, peut fervir de modèle pour toutes les autres, & indiquer la forme à donner aux limes, pour finir à l'outil toutes les dentures de roues femblables. Ces demi-cercles gradués, appliqués par l'Auteur à déterminer la groffeur des pignons, & la courbe des dentures, deviennent ainsi un inftrument précieux pour l'horlogerie.

Il eft vrai que ce moyen, par lequel on établit fort bien un rapport conftant entre les degrés que parcourt la roue, & ceux que parcourt le pignon dans les différens points de la menée, ne fait pas néceffairement que cette menée foit auffi facile dans toute fon étendue, & qu'elle employe de la part de la puiffance une force toujours égale ; mais c'eft beaucoup qu'on puiffe lever, par cette épreuve, une partie de l'arbitraire qui a lieu fur ce point dans la pratique. Qui fait même fi, dans des courbes fi petites, une méthode plus rigoureufe pouvoit ajouter quelque chofe à leur perfection ?

M. Preud'homme auroit beaucoup fait fans doute, en approfondiffant en Artifte toutes ces queftions rélatives aux engrenages ; en faifant fentir les vices attachés à la licence que fe donnent à cet égard beaucoup d'horlogers ; en dégageant la pratique de confidérations trop fubtiles, qui, ne pouvant être d'aucun ufage pour les ouvriers, les autorifent, quoique mal-à-propos, à abandonner même les principes utiles auxquels elles font liées ; en tirant d'une théorie

épineufe des règles fimples & commodes ; &
en fe permettant peut-être à ce fujet de légers
écarts, pour en prévenir de plus confidérables
chez les Artiftes. Mais c'étoit-là trop peu pour
le zèle & les talens de M. Preud'homme. Les
principes que le raifonnement & l'expérience
lui ont indiqués comme les meilleurs, il leur a
donné une confiftance inaltérable, en les appli-
quant à la divifion d'un inftrument, l'un des
plus ingénieux, des plus étendus, & des plus
utiles dont puiffe fe glorifier l'horlogerie. De
forte que ceux-là même, qui ne feroient pas
en état de faifir les principes de l'Auteur, peuvent en faire une application facile & journa-
lière à leurs ouvrages, au moyen de l'outil qu'il
leur met en main.

Cet outil, d'une forme fimple & élégante,
étend fes divifions depuis 3 pouces jufqu'à la
384e. partie d'une ligne, que fon calibre mefure avec la dernière précifion.

Il détermine méchaniquement la grandeur
des roues pour les pignons, dont le nombre,
la groffeur & la quantité de révolutions font
données ; & réciproquement, pour une roue
donnée, la groffeur du pignon qu'elle doit mener, à raifon du nombre de fes ailes. Il fixe même, avec autant de facilité que d'exactitude, la
diftance qui doit féparer chaque roue de fon pignon, pour que leur engrenage fe trouve parfait.

Mais la propriété de cet inftrument, la plus
heureufe fans doute & la plus neuve, c'eft celle
qui eft étrangère à l'objet du Mémoire ; favoir,

de fervir en même tems de compas de proportion, pour tracer, felon la meilleure ordon-
nance, des calibres de montres de toute grandeur, depuis les montres à bague jufqu'à celles
de caroffe.

Pour étendre encore l'ufage de cet inftrument
en horlogerie, fon Auteur l'a rendu propre à
déterminer la longueur du grand reffort, & à
fixer le rapport qui doit fe trouver entre les
deux diamètres de la fufée & celui du barillet,
pour obtenir une chaîne qui foit toujours de
jufte grandeur.

Enfin, cet inftrument peut tenir lieu de compas de proportion, pour obtenir toutes fortes
de mefures, & de rapports entre les grandeurs;
il peut fervir, entr'autres, à calibrer les pivots
des montres, felon les proportions qu'exige la
délicateffe plus ou moins grande des derniers
mobiles.

Le Comité fentira, d'après ce rapport,
mieux que nous ne pourrions l'exprimer, tout
le prix du travail de M. Preud'homme, les
éloges qu'il mérite, l'honneur qu'il fait au corps
d'Artiftes dont il eft membre, & la reconnoiffance que lui doivent ceux qui exercent l'art de
l'horlogerie & qui s'intéreffent à fes progrès.

Tout ce que nous ajouterons ici, c'eft que
fon inftrument ne fauroit être trop tôt connu
des Artiftes, ni trop familier entre leurs mains;
& que notre Société ne fauroit mieux faire,
felon nous, que d'enrichir fes Actes du Mémoire
qu'il a foumis à notre examen.

EXTRAIT

DES RÉGISTRES DU COMITÉ DES ARTS.

Du 23 Mars 1778.

LECTURE faite du Rapport qui précède , & M. Preud'homme retiré, le Comité a réfolu de lui donner, foit ici, foit dans l'affemblée générale, tous les éloges dont la Commiffion l'a jugé digne ; en lui témoignant le regret de ne pouvoir joindre une médaille à ce tribut d'approbation & de reconnoiffance, & en lui rappellant la loi que le Comité s'eft faite de n'en décerner à fes Membres dans aucun cas. Il a été arrêté de plus, de faire imprimer le Mémoire de M. Preud'homme, avec le Rapport de la Commiffion, aux fraix de la Société.

M. Preud'homme rappellé , M. le Préfident lui a adreffé des éloges & des remercimens conformes aux fufdites réfolutions ; & M. le Miniftre Reybaz, rédacteur du Rapport , s'eft chargé de le lire à la prochaine affemblée générale.

Expédié en faveur de M. Preud'homme.

Signé PH. ROBIN, Secretaire.

TABLE

Où sont indiqués les nombres dont on peut faire usage pour procurer au Balancier 17 à 18 mille vibrations par heure.

Pignons de — Roue d'échappem. de 11 dents. (Vibrations)			Pignons de — Roue d'échappem. de 13 dents. (Vibrations)			Pignons de — Roue d'échappem. de 15 dents. (Vibrations)			Pignons de — Roue d'échappem. de 17 dents. (Vibrations)			Pignons de — Roue d'échappem. de 19 dents. (Vibrations)			Pignons de — Les nombres ci-dessous sont applicables aux cinq roues d'un petit rouage de Répétition.			
6	7	8	6	7	8	6	7	8	6	7	8	6	7	8		6	7	8
68	80	90	66	80	88	64	74	86	62	72	82	60	70	80				
52 17478,	60 17240,	68 16830,	48 17160,	54 17004,	64 17160,	45 17200,	52 16828,	60 17535,	42 17215,	50 17842,	56 17575,	42 17290,	49 17480,	54 17313,	1e.	42	43	56
48	56	64	45	52	60	43	50	58	42	50	56	39	46	54	2e.	36	40	46
Une dent de plus ou de moins à chacune des trois dites Roues changera la quantité des vibrations du Balancier de ce qui suit :															3e.	26	31	35
257	215	187	275	212	195	268	227	203	177	247	208	288	249	216	4e.	26	31	35
336 957,	287 809,	247 697,	357 1013,	315 854,	268 749,	381 1050,	323 886,	292 797,	410 1097,	356 959,	305 818,	411 1141,	356 985,	320 856,	5e.	26	31	35
264	307	263	381	327	296	400	336	302	410	356	305	442	380	320				
66	80	90	64	76	86	62	72	84	60	70	80	58	68	78	Une dent de plus ou de moins à chacune des cinq dites roues changera la quantité des révolutions du dernier pignon, de ce qui suit :			
52 17128,	58 16666,	66 16745,	50 17333,	58 17375,	64 17329,	48 17360,	56 17632,	60 17128,	46 17377,	52 17319,	58 17355,	44 17510,	50 17337,	58 17459,				
49	56	66	47	52	62	42	50	58	40	48	56	39	46	52	1e.	76	70	60
Une dent de plus ou de moins à chacune des trois dites Roues changera la quantité des vibrations du Balancier de ce qui suit :															2e.	94	85	73
274	208	186	271	218	201	280	244	201	289	247	215	301	254	224	3e.	114	109	96
329 952,	287 792,	253 692,	346 1002,	300 862,	270 750,	361 1054,	315 911,	285 781,	378 1101,	333 940,	297 820,	397 1147,	346 977,	301 860,	4e.	114	109	96
349	297	253	385	334	279	413	352	295	434	360	308	449	377	335	5e.	124	109	96

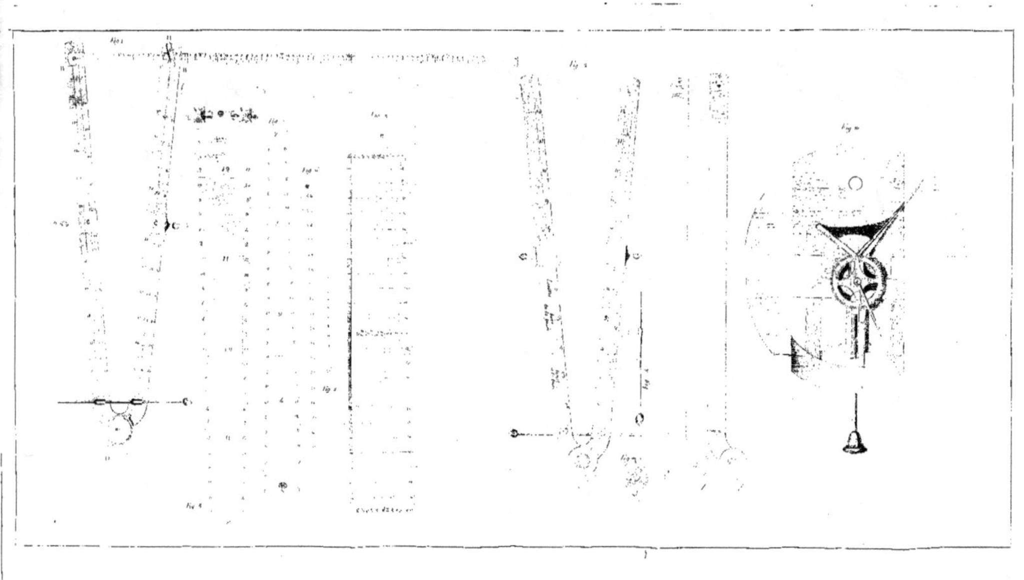